Yasser Arafat Tackie
Kobina Bunyan

INCÊNDIOS FLORESTAIS E PRODUÇÃO DE CULTURAS ALIMENTARES

Yasser Arafat Tackie
Kobina Bunyan

INCÊNDIOS FLORESTAIS E PRODUÇÃO DE CULTURAS ALIMENTARES

ScienciaScripts

Imprint

Any brand names and product names mentioned in this book are subject to trademark, brand or patent protection and are trademarks or registered trademarks of their respective holders. The use of brand names, product names, common names, trade names, product descriptions etc. even without a particular marking in this work is in no way to be construed to mean that such names may be regarded as unrestricted in respect of trademark and brand protection legislation and could thus be used by anyone.

Cover image: www.ingimage.com

This book is a translation from the original published under ISBN 978-620-7-99728-2.

Publisher:
Sciencia Scripts
is a trademark of
Dodo Books Indian Ocean Ltd. and OmniScriptum S.R.L publishing group

120 High Road, East Finchley, London, N2 9ED, United Kingdom
Str. Armeneasca 28/1, office 1, Chisinau MD-2012, Republic of Moldova, Europe
Printed at: see last page
ISBN: 978-620-7-98701-6

ÍNDICE DE CONTEÚDOS

DEDICAÇÃO

Este trabalho de projeto é dedicado à minha querida família, aos meus respeitados professores e aos meus colegas de curso.

RESUMO

A terra constitui o alicerce de que depende o sustento do homem. No Gana, o maior peso da economia assenta na agricultura que, em última análise, depende da terra. A zona de savana do norte é particularmente conhecida pela produção de culturas e criação de gado. No distrito de Wa West, na região do Alto Oeste, cerca de 59,2% das pessoas dedicam-se à agricultura como principal fonte de subsistência. Devido à ocorrência de incêndios florestais na zona, esta fonte básica de subsistência da população está seriamente ameaçada, uma vez que a terra se está a degradar rapidamente e a afundar suavemente a população na pobreza. O estudo examina os efeitos dos incêndios florestais na produção de culturas alimentares no distrito de Wa West. Examina ainda as causas dos incêndios florestais, os efeitos dos incêndios florestais e as medidas para prevenir a ocorrência de incêndios florestais. O estudo utilizou métodos qualitativos e quantitativos de recolha e análise de dados de fontes primárias e secundárias. Foram utilizados questionários para interagir com os agricultores, entrevistas com informadores-chave e observação como métodos de recolha de dados. O estudo revelou que actividades como a caça, a limpeza de terrenos através de queimadas, cigarros descartados, intensidade solar excessiva são as principais causas de incêndios florestais no distrito. As consequências destas actividades são o baixo rendimento das culturas, a infertilidade do solo, a perda da população microbiana do solo e a destruição das culturas. À luz das conclusões acima referidas, foram feitas algumas recomendações para reduzir a incidência de incêndios florestais no distrito. Estas incluem: organização de programas de sensibilização para educar os agricultores sobre as causas e efeitos dos incêndios florestais, disponibilidade de fundos adequados para permitir que as partes interessadas desempenhem as suas funções, as políticas governamentais sobre a gestão dos incêndios florestais devem ser rigorosamente aplicadas e também devem ser formulados e aprovados estatutos a nível comunitário.

CAPÍTULO UM
INTRODUÇÃO

1.1 CONTEXTO DO ESTUDO

A queima de matos tem sido praticada em muitas partes do mundo e tem sido aceite como parte integrante do sistema agrícola tradicional. É um instrumento de gestão comummente aplicado nos ecossistemas florestais em todo o mundo. O fogo é utilizado para a caça, a limpeza de terrenos para a agricultura, a manutenção de pastagens, o controlo de pragas e a remoção de vegetação seca e de resíduos de culturas para promover a produtividade agrícola. Os incêndios florestais fazem parte da ecologia natural de vários países (Liu et al., 2001). Na gestão das pastagens, os agricultores introduzem frequentemente queimadas para remover as ervas moribundas e impalatáveis da estação de crescimento anterior, para estimular o crescimento de ervas frescas com maior teor de nutrientes (Tainton e Mentis, 1984; Snyman, 2003). Contudo, as queimadas frequentes e descontroladas tornaram-se um grande problema na maior parte do mundo atual, especialmente nas zonas florestais dos países em desenvolvimento (Hough 1993). As queimadas têm contribuído para a desflorestação com os problemas que lhe estão associados. Considera-se que os incêndios florestais frequentes têm efeitos negativos na biodiversidade (Tramor e Woinarski, 1994, Bradstock et al. 1997 e Egunjobi 1971). Os países de todo o mundo têm um historial de incêndios florestais que tendem a causar danos à vida e à propriedade. O trauma do Gana no início da década de 1980 e a seca e a fome que se seguiram aos catastróficos incêndios florestais são inesquecíveis. O World Environment (2000) registou uma média de novecentas mil (900 000) espécies de plantas e animais extintas em cada milhão de anos, durante os primeiros vinte milhões (20 000 000) de anos de existência da Terra. Globalmente, calcula-se que, nos últimos anos, uma média anual de dez milhões (10.000.000) de hectares de terra é consumida por incêndios florestais. Além disso, os dados do World Resource Institute indicam que o Gana tem 3 725 espécies de plantas, 729 aves, 222 mamíferos, 131 répteis e 90 peixes. Por conseguinte, presume-se que as categorias de espécies acima referidas estão em risco se os incêndios puderem consumir estes grandes hectares de terra por ano. Durante vários anos, o Gana também registou manifestações desenfreadas de incêndios florestais, com as brutalidades registadas nas três regiões do Norte.

Tomando como exemplo os três anos consecutivos de seca (1981-1983), admite-se que os incêndios florestais percorreram transversalmente todo o país, sobretudo em 1983. Isto, sem dúvida, causou a destruição maciça de culturas de rendimento, culturas alimentares e outros bens valiosos, tendo como efeito imediato a fome. Só no sul do Gana, em 1983, cerca de dez mil (10.000) hectares de culturas alimentares foram destruídos por incêndios florestais. Além disso, a destruição de milhares de hectares de explorações de cacau, de óleo de palma e de café, bem como a danificação de cereais ensacados, foram efeitos surpreendentes dos incêndios florestais. Também no norte do Gana, foram destruídos pelos incêndios florestais hectares incomensuráveis de explorações de arroz, juntamente com milhares de toneladas de arroz que não puderam amadurecer devido à seca e aos incêndios florestais subsequentes. Esta redução dos níveis de produção causou imensas perdas financeiras a muitos agricultores. Por exemplo, a produção de arroz, que era de 49.000 toneladas em 1970, caiu para 36.000 toneladas em 1982. Os níveis de produção de milho também caíram de 482.000 toneladas em 1970 para 346.000 toneladas em 1982 e ainda mais para 172.000 em 1983. O aspeto mais ruinoso relacionado com os incêndios florestais indiscriminados é o facto de tornarem o solo suscetível à erosão e ao declínio da fertilidade do solo. No Gana, não obstante o perigoso e problemático cenário de incêndios florestais vivido, associado a vários mecanismos de intervenção por parte do governo e de outros organismos organizacionais interessados em pôr cobro à ameaça dos incêndios florestais, o problema não só persiste como está a aumentar. É nesta perspetiva que esta investigação está a ser orientada para a avaliação de como os incêndios florestais afectam drasticamente a produção de culturas alimentares, utilizando este distrito como estudo de caso.

1.2 DECLARAÇÃO DO PROBLEMA

Em muitas partes do mundo, os incêndios florestais continuam a ser um acontecimento natural inevitável devido ao clima, à natureza agroecológica e à existência de muitas fontes de ignição (McCormick 2002; Dovers et al. 2004; McGee e Russell 2004). A seca frequente e prolongada e a interação humana cada vez maior com o ambiente natural aumentaram a ameaça de incêndios florestais em todo o país. Os registos disponíveis mostram que cerca de 35 por cento das culturas são destruídas por incêndios florestais durante a estação 'harmattan'. Na região da savana do norte, regista-se a maior parte dos casos de incêndios florestais todos os anos. As culturas mais afectadas são o arroz e o milho. Existem vários programas a nível nacional sobre incêndios florestais mas não são divulgados adequadamente às várias comunidades do país e os incêndios florestais tendem a danificar propriedades e vidas, apesar de ter sido gasto muito dinheiro nesta iniciativa. É certo que estes problemas não podem ser tolerados numa zona que é considerada uma das mais pobres do país. Este facto influenciou a minha decisão de realizar uma investigação sobre os efeitos dos incêndios florestais na produção de culturas alimentares. O ambiente do homem está constantemente ameaçado pelas suas próprias actividades resultantes do aumento da população e este continua a ser um dos maiores desafios à qualidade do ambiente. Os incêndios florestais, quer resultem de um incêndio florestal ou de um incêndio controlado, afectam não só o aspeto da paisagem, mas também a qualidade do solo. A paisagem pode recuperar rapidamente após um incêndio, com novo crescimento e plântulas emergentes. No entanto, os incêndios florestais têm um efeito negativo nas condições do solo e este pode demorar muito mais tempo a recuperar. O homem surgiu como um agente geomórfico muito importante e é capaz de alterar o ambiente a um ritmo muito mais rápido do que muitos dos processos naturais. A combustão do mato ou fogo é a reação química entre o oxigénio e o combustível, que é elevada à temperatura de ignição pelo calor. A reação é auto-sustentada, a não ser que se extinga ou que a concentração de combustível desça abaixo do nível mínimo. Entre os numerosos constrangimentos enfrentados pelas pessoas na "frágil ecologia da savana" (Nsiah-Gyabaah, 1996) está a questão dos incêndios florestais. Ao longo dos anos, os incêndios florestais na ecologia da savana têm sido identificados como um dos principais problemas socioeconómicos que sufocam o progresso económico da ecologia da savana, onde a vegetação e as culturas alimentares são consumidas perenemente por estes incêndios florestais. Sanders et al. (1996) observaram e sustentaram que os incêndios florestais são um agente no processo de desflorestação, devido à baixa humidade relativa da zona semi-árida, associada ao vento muito seco 'hammattan'. A incidência de incêndios florestais é sempre elevada em todas as estações secas. O empobrecimento da biodiversidade e o clima geralmente árido com secas ocasionais na área de estudo tendem a resultar em desertificação, e a crescente variabilidade climática leva à falta de recursos hídricos para sustentar a vida da fauna e da flora. A aridez crescente pode causar reduções na recarga de água subterrânea entre 5% e

22% até ao ano 2020 (Edwin, 2006). Os incêndios florestais e a sua correspondente ameaça ambiental e económica não são apenas uma questão local, mas também um problema global. Os incêndios florestais podem ter efeitos económicos e emocionais adversos nas pessoas, que perdem as suas propriedades. Além disso, o ritmo a que as terras de cultivo perdem os seus nutrientes intensifica-se à medida que a cobertura da superfície é varrida pelo fogo e mata os organismos vivos que arejam o solo e o tornam rico e fácil de suportar a produção agrícola. Os incêndios florestais acompanham o homem desde tempos imemoriais, causando inúmeros problemas. Para que um incêndio florestal se inicie, é necessário que haja combustível, sob a forma de folhas e/ou madeira, e um ponto de ignição. Esta ignição pode ser causada naturalmente por um raio, por combustão espontânea ou por uma chama deliberada/acidental, Conan-Davies, 2001.

O efeito das alterações climáticas está agora a ter um impacto terrível nos nossos recursos hídricos e no sistema agrícola e no seu rendimento. A atual crise alimentar também tem a sua raiz nas alterações climáticas, altamente causadas pela libertação de fumo das queimadas. Queimamos frequentemente arbustos para cultivar, praticamos a agricultura sem ter em devida conta o ambiente, cortamos ou derrubamos árvores sem saber que estamos a alterar o ecossistema e a natureza. O Gana não pode ficar isento desta situação de má gestão. O país é uma das economias mais fortes da África Subsaariana devido à sua variedade de recursos naturais. No entanto, a exploração destes recursos, associada à falta geral de consciência ambiental, devastou a floresta do país. Em menos de cinquenta anos, a floresta tropical primária do Gana foi reduzida em 90%, enquanto nos últimos quinze anos (1992-2005), o país perdeu 1,9 milhões de hectares ou 26% do seu coberto florestal. A agricultura de subsistência e o corte de madeira para combustível são comuns em todo o Gana e estão a agravar-se devido a uma taxa de crescimento da população que se aproxima dos 3%. A perda de floresta no Gana exacerbou a seca e os incêndios florestais. Em 1997 e 1998, os grandes incêndios florestais levaram o Governo a intensificar a sua campanha contra os incêndios florestais, mas a reforma teve poucos efeitos. O deserto está a invadir algumas terras desflorestadas e a erosão dos solos é galopante. O Governo lançou ativamente projectos de plantação em terrenos florestais degradados para reduzir a pressão sobre a floresta natural. Este esforço resultou num declínio de 44% na exportação de toros entre 1994 e 1997 (Dr. Oppong-A Kwame, 2001). A região do Alto Oeste é uma das regiões do país

que se destaca pelas queimadas indiscriminadas e pelos problemas globais que lhes estão associados. O distrito de Wa West, na região do Alto Oeste, é atualmente confrontado com a incidência de incêndios florestais perenes que parecem ter tido um impacto negativo na produção de culturas alimentares no distrito. Muitos factores contribuem para este estado de coisas, mas a pobreza parece estar no centro das questões que causam os incêndios florestais perenes no distrito. Os efeitos da pobreza repercutem-se em muitos outros aspectos das actividades económicas, tais como a utilização do fogo para a caça de animais selvagens, o fogo para a construção de cinturões de fogo, o fogo para a limpeza do mato e o fogo para a extração de mel, entre outros. Isto é ainda reforçado pelo Inquérito sobre o Padrão de Vida no Gana, Sexta ronda GLSS 6 (GSS, 2012), que descreveu a Região do Alto Oeste como a região mais pobre do país, onde nove em cada dez pessoas são pobres. Em todo o distrito de Wa West, não é normal encontrar um hectare com cobertura vegetal durante todo o ano. Este fenómeno ameaçador não só afecta a biodiversidade do distrito, como também reduz a produtividade do solo, queima as culturas alimentares e diminui a produção agrícola global, expondo assim o distrito a uma baixa produção de culturas alimentares. A proteção da frágil ecologia natural da savana do distrito de Wa West é eminente, uma vez que a maioria dos meios de subsistência da população é intrinsecamente inseparável do ambiente natural. Foi neste contexto que o Governo intensificou os seus esforços através de instituições relevantes, como a Agência de Proteção Ambiental do Gana (EPA) e a Autoridade para o Desenvolvimento Acelerado da Savana (SADA) e outras
organismos internacionais para reduzir, se não eliminar totalmente, a ameaça perene dos incêndios florestais e outros males ambientais. No entanto, parece que estes esforços não estão a produzir os resultados desejados, tal como esperado pelo governo. É neste contexto que o estudo em questão procura examinar os incêndios florestais e a produção de culturas alimentares no distrito de Wa West, num esforço para preencher a lacuna de conhecimento sobre o assunto.

1.3 QUESTÕES DE INVESTIGAÇÃO

As questões de investigação do estudo foram classificadas em questões de investigação principais e específicas.

1.3.1 Questão principal da investigação

Quais são as implicações da produção de culturas alimentares na ocorrência de incêndios florestais em Wa West?

distrito?

1.3.2 Questões específicas de investigação

1. Quais são as causas dos incêndios florestais no distrito de Wa West?

2. Quais são os efeitos dos incêndios florestais na produção de culturas alimentares no distrito de Wa West?

3. Que medidas foram adoptadas para evitar a ocorrência de incêndios florestais em Wa West?

distrito?

1.4 OBJECTIVO DA INVESTIGAÇÃO

Os objectivos de investigação do estudo foram classificados em objectivos de investigação principais e específicos.

1.4.1 Objetivo principal da investigação

Examinar as implicações dos incêndios florestais na produção de culturas alimentares no distrito de Wa West.

1.4.2 Objetivo específico da investigação

1. Avaliar as causas dos incêndios florestais no distrito de Wa West.

2. Examinar os efeitos dos incêndios florestais na produção de culturas alimentares no distrito de Wa West.

3. Identificar as medidas adoptadas para evitar a ocorrência de incêndios florestais no distrito de Wa West.

1.5 SIGNIFICADO DO ESTUDO

A investigação é importante na medida em que destacou os impactos negativos dos incêndios florestais no avanço do país para a autossuficiência alimentar, especialmente na área de estudo selecionada. Também contribuirá em muito para a literatura sobre o impacto dos incêndios florestais na produção de culturas alimentares do país e sugerirá formas de reduzir o perigo. Funciona também como um fórum para outras sociedades com preocupações ambientais relacionadas. A análise será importante porque dará aos decisores políticos, às partes interessadas, aos indivíduos, às organizações, às organizações não governamentais (ONG) e ao distrito em estudo uma visão do conhecimento relevante sobre os incêndios florestais e sobre o país no seu todo. Em última análise, o seu funcionamento deverá ter um efeito positivo em todas as partes interessadas, incluindo os estudantes dos sectores agrícola e ambiental. O efeito dos incêndios florestais nos meios de subsistência rurais e no ecossistema está a tornar-se cada vez mais extenso e prejudicial. Isto significa que é necessário compreender claramente as causas e os efeitos dos incêndios florestais, de modo a que possam ser adoptadas políticas para fazer face aos efeitos indesejáveis no que diz respeito à silvicultura, à agricultura arável, às pastagens, à conservação dos solos e à vida selvagem. Os estudos e a informação sobre o impacto ambiental e a vulnerabilidade dos incêndios florestais no distrito de Wa West são escassos, embora as queimadas sejam tão antigas como a existência humana. A ameaça das queimadas será devidamente analisada com o objetivo de a desencorajar, especialmente no distrito de Wa West. Por outras palavras, é necessário adotar uma abordagem integrada para se conseguir uma solução desejada e permanente. Os resultados deste estudo seriam úteis para os decisores na planificação e implementação de intervenções de desenvolvimento no que diz respeito ao controlo das queimadas indiscriminadas. Espera-se que este estudo apresente medidas eficazes na gestão do fogo a serem adoptadas pelos intervenientes que estão dispostos e interessados no desenvolvimento da comunidade no que diz respeito aos incêndios florestais e à sustentabilidade alimentar. Além disso, assegurará uma condição climática favorável que contribuirá em muito para impulsionar as actividades agrícolas e outras actividades económicas se as medidas propostas forem adoptadas pelas partes interessadas, tais como a Assembleia Distrital e a Agência de Proteção Ambiental (EPA), bem como a população do distrito.

1.6 ÂMBITO DO ESTUDO

O estudo foi efectuado no distrito de Wa West, na Região do Alto Oeste. A investigação centrou-se no impacto do cultivo de culturas alimentares. O estudo examinou as causas dos incêndios florestais a este respeito; os seus efeitos adversos na produção de culturas alimentares, nos níveis de produção dos agricultores, os efeitos dos incêndios florestais na produção de culturas alimentares no distrito, as intervenções para reduzir os incêndios florestais, os constrangimentos à prevenção dos incêndios florestais e as medidas que podem ser adoptadas para reduzir a ameaça dos incêndios florestais.

1.7 ORGANIZAÇÃO DA DISSERTAÇÃO

A dissertação está organizada da seguinte forma:

O primeiro capítulo centra-se nos antecedentes do estudo, na definição do problema, nas questões de investigação, nos objectivos da investigação, na importância do estudo e no âmbito do estudo.

O segundo capítulo centra-se na revisão da literatura.

O capítulo três concentra-se no perfil da área de estudo e na metodologia. O capítulo quatro trata dos resultados e da discussão.

O capítulo O capítulo cinco centra-se no resumo dos principais resultados, conclusões e recomendações.

CAPÍTULO DOIS
LITERATURA REVISÃO

2.1 INTRODUÇÃO

Este capítulo centra-se na revisão da literatura relevante, tendo em consideração a definição de conceitos, a revisão teórica, a revisão empírica e o quadro concetual.

2.1.1 DEFINIÇÃO DE CONCEITOS-CHAVE

2.1.1.1 BUSHFIRE

A maior parte das práticas agrícolas e das actividades humanas, tal como discutido anteriormente, envolve o uso do fogo que, por vezes, resulta em incêndios florestais. Os incêndios florestais são outro fenómeno devastador que destroem a vegetação e degradam a terra. Estes incêndios destroem a vegetação, privam o solo de matéria orgânica e, consequentemente, de fertilidade. Embora as cinzas produzidas pela queima da vegetação aumentem os nutrientes como o cálcio, o magnésio, o potássio e o fósforo, o efeito é transitório. Os nutrientes perdem-se por lixiviação, resultando num aumento da acidez do solo e em níveis elevados de alumínio permutável (EPA, 2002). As superfícies terrestres expostas causadas pelos incêndios florestais são ainda mais degradadas pela erosão eólica e hídrica. As espécies vegetais e animais também se perdem e todo o habitat que sustenta a vida selvagem e um grande número de espécies ecologicamente interdependentes é destruído pelos incêndios florestais.

2.1.1.2 PRODUÇÃO VEGETAL
2.1.1.2 PRODUÇÃO VEGETAL

O Departamento de Agricultura dos Estados Unidos (2009) define a produção vegetal como um negócio complexo, que requer muitas competências (como biologia, agronomia, mecânica, marketing) e abrange uma variedade de operações ao longo do ano. Em relação ao estudo, a produção vegetal é o cultivo de culturas de subsistência ou comerciais. A produção vegetal inclui o cultivo de cereais, algodão, tabaco, frutas, legumes, frutos secos, plantas, etc. Diferentes culturas desenvolvem-se melhor em diferentes zonas do país. A produção vegetal é muito sensível ao clima, com efeitos variáveis e no que respeita às

12

diferentes regiões do mundo (McCarthy et al. 2001).

2.1.1.3 CRESCIMENTO DAS CULTURAS

O crescimento da cultura é inferior ao potencial quando a absorção de água, oxigénio ou nutrientes é inferior às necessidades da cultura. O crescimento potencial da cultura é determinado tendo em conta as condições climatéricas prevalecentes. A redução do crescimento das culturas pode ser causada por uma redução da duração do período de crescimento, por baixas temperaturas e por um fornecimento limitado de água, oxigénio e nutrientes do solo ao sistema radicular, bem como por uma atividade limitada do sistema radicular. A água do solo desempenha um papel central nestes factores limitantes, e os efeitos da compactação do solo no crescimento das culturas e no funcionamento biológico devem ser modelados em relação à água. (J.J.H. van den Akker, B. Soane 2005)

2.1.1.4 FRACASSO DAS COLHEITAS

Um dos males da agricultura é a frequente perda total das colheitas devido a condições climatéricas adversas ou à perda de nutrientes do solo causada por incêndios florestais. Os resultados de um estudo demonstram que 39% da variação das taxas previstas de perda de colheitas nos Estados Unidos podem ser explicados pelos solos e pelo clima. A análise mostra que a precipitação, os solos e, sobretudo, a temperatura explicam as taxas médias de perda de colheitas. O insucesso das culturas ocorre mais em condições meteorológicas catastróficas, em que as culturas são dizimadas por pragas, incêndios florestais, inundações ou secas, ao passo que o abandono se situa a um nível marginal e é uma decisão tomada pelo agricultor de interromper o cultivo do campo ou de algumas partes do campo após a plantação, mesmo quando ainda é viável, devido a um fraco desempenho da cultura e de se dedicar a outras culturas com a mão de obra limitada e outros factores de produção, em que as perspectivas de melhores rendimentos são mais elevadas.

2.1.1.5 ACTIVIDADES HUMANAS

As actividades humanas têm um impacto no ambiente através da emissão de poluição para o ambiente, da alteração dos solos, do habitat e/ou da utilização e esgotamento dos recursos. Os impactos humanos no ambiente ou impactos antropogénicos no ambiente incluem as alterações dos ambientes biofísicos e dos ecossistemas, a biodiversidade e a perda de recursos naturais causadas direta ou indiretamente pelo homem, conduzindo ao aquecimento global e à degradação ambiental. A modificação do ambiente para se adaptar às necessidades da sociedade está a causar efeitos graves, que se agravam à medida que o problema da sobrepopulação humana continua. Algumas actividades humanas que causam danos (direta ou indiretamente) ao ambiente à escala global incluem o crescimento demográfico, o consumo excessivo, a sobre-exploração, os incêndios florestais, a poluição e a desflorestação, para citar apenas alguns exemplos. Alguns dos problemas, incluindo o aquecimento global e a perda de biodiversidade, representam um risco existencial para a raça humana, e a sobrepopulação está fortemente relacionada com esses problemas.

2.1.1.6 VEGETAÇÃO DE SAVANA

A vegetação de savana evoluiu em condições de incêndios anuais, que foram aumentados pelas actividades humanas. A vegetação é constituída por gramíneas curtas com árvores dispersas tolerantes ao fogo e por bosques de baixa densidade de espécies resistentes à seca e ao fogo. Este tipo de vegetação não é homogéneo. (Salifou Traore, 2011)

2.1.1.7 LEGISLAÇÃO SOBRE INCÊNDIOS FLORESTAIS NO GANA

Os esforços iniciais para controlar os incêndios florestais não colocaram qualquer ênfase na gestão. A primeira tentativa oficial de gerir os incêndios florestais foi registada na Política das Florestas da Savana de 1934. No entanto, esta política apenas procurou persuadir (e não coagir) as comunidades locais a adoptarem a gestão do fogo como uma ferramenta para a gestão das florestas da savana. A política defendia a prevenção da queima de terras agrícolas e pastagens e encorajava campanhas de sensibilização sobre incêndios florestais. A implementação da política foi ineficaz porque as estratégias propostas estavam em desacordo com as práticas culturais das pessoas, que incluíam o corte e a queima como prática agrícola (Nsiah-Gyabaah, 1996). A Política Nacional do Ambiente reconhece a deterioração qualitativa e quantitativa da cobertura do solo (floresta e savana) e dos recursos da vida selvagem devido à queima frequente e descontrolada de arbustos. Reconhecendo os efeitos benéficos do fogo como instrumento de gestão, especialmente nos sistemas agrícolas tradicionais, e os impactos prejudiciais que frequentemente acompanham o seu abuso ou má utilização, foram introduzidos controlos legislativos em 1983. Em 1988, o Plano Nacional de Ação Ambiental (NEAP) foi iniciado para colocar as questões ambientais na agenda prioritária. A Agência de Proteção do Ambiente também concebeu acções políticas para prevenir e controlar os incêndios florestais que causam danos significativos ou irreparáveis ao habitat, à flora, à fauna e ao equilíbrio ecológico (Nsiah-Gyabaah, 1996).

2.1.1.8 LEI DO SERVIÇO NACIONAL DE BOMBEIROS DO GANA, 1997 (LEI 537)

Trata-se de uma lei que restabeleceu o Serviço Nacional de Incêndios do Gana para assegurar a gestão de incêndios indesejados e assuntos relacionados. No entanto, a lei apresentava falhas no que diz respeito à gestão dos incêndios florestais, uma vez que estava muito direccionada para a gestão dos incêndios industriais e domésticos. Além disso, a lei não foi suficientemente longe no que diz respeito à capacitação das comunidades e grupos locais para lidarem com questões de gestão de incêndios florestais.

2.1.1.9 POLÍTICA NACIONAL DE GESTÃO DOS INCÊNDIOS FLORESTAIS (2006)

A política nacional de gestão dos incêndios florestais baseia-se em alguns princípios que são enumerados a seguir:

• A terra e os seus recursos constituem a fonte direta de subsistência da maioria da população rural e a redução da pobreza e a criação de riqueza no país dependem de uma gestão eficaz dos incêndios florestais para uma gestão sustentável dos recursos naturais.

• Existem diferentes zonas ecológicas e sistemas de gestão dos recursos naturais no país, o que exige diferentes sistemas de gestão dos incêndios florestais.

• O fogo continuará a ser utilizado como instrumento de gestão das terras rurais, mas deve ser feito de uma forma controlável e respeitadora do ambiente.

• A gestão dos incêndios florestais exige uma abordagem multi-setorial e uma colaboração sensível às questões de género entre as partes interessadas, incluindo as vulneráveis.

• As Assembleias Distritais (ADs), as Autoridades Tradicionais (ATs), os líderes de opinião e os grupos da comunidade local, incluindo grupos de mulheres e de jovens, são actores importantes na gestão dos incêndios florestais.

• As actividades de gestão dos incêndios florestais a todos os níveis serão realizadas com base num planeamento e numa ligação em rede eficazes e eficientes.

• Um sistema de alerta precoce coordenado a nível nacional e programas de educação pública bem formulados são essenciais para uma gestão sustentável dos incêndios florestais.

• Os incentivos sustentáveis, as recompensas e o sistema de partilha de benefícios são indispensáveis para uma gestão bem sucedida dos incêndios florestais.

• A capacidade das comunidades e das estruturas comunitárias será desenvolvida na gestão dos incêndios florestais e será sustentada através do fornecimento de apoio logístico e técnico adequado e apropriado, tendo em consideração os seus conhecimentos indígenas.

• Os sistemas internacionais de melhores práticas e os conhecimentos indígenas são ingredientes importantes para a evolução das práticas sustentáveis de gestão dos incêndios florestais.

• É necessário incentivar e promover uma investigação adequada, em colaboração com organismos locais e internacionais, e sustentá-la para fornecer a base para o desenvolvimento de melhores práticas na gestão dos incêndios florestais.

• A experiência passada demonstrou que os incêndios florestais não podem ser controlados através de legislações, estatutos e lançamento anual de campanhas educativas de controlo de incêndios florestais a nível central. O país precisa de se afastar de uma abordagem de gestão de fogos florestais à peça para uma abordagem mais abrangente e sustentável baseada na comunidade (Ministry of Lands Forestry and Minds, 2006).

2.2 REVISÃO TEÓRICA

O estudo em questão baseia-se na teoria do desenvolvimento agrícola de Esther Boserup.

2.2.1 Esther Boserup Teoria da evolução da agricultura

Boserup é conhecida pela sua teoria da intensificação da agricultura, também conhecida como teoria de Boserup, que postula que a evolução da população determina a intensidade da produção agrícola. A teoria de Boserup é diferente da teoria malthusiana devido ao aumento da quantidade de avanços tecnológicos. Ao contrário de Malthus, Boserup acreditava que "um aumento da população estimularia os avanços tecnológicos na produção de alimentos". Isto é o oposto do que Malthus acreditava, porque durante o seu tempo, a tecnologia agrícola tinha aumentado drasticamente e o fornecimento de alimentos não era a principal preocupação da população humana. A base da teoria de Boserup é "a necessidade é a mãe das invenções". Este é um ditado importante porque descreve como, após este aumento da tecnologia e da indústria, o abastecimento alimentar viria depois do crescimento da população humana. Por outras palavras, o abastecimento alimentar dependia da dimensão da população, ao contrário do que acontecia no tempo de Malthus, em que a população humana dependia do abastecimento alimentar. Assim, o avanço tecnológico é um fator-chave para garantir o aumento da produção agrícola. No entanto, a maior parte dos agricultores dos países em desenvolvimento e subdesenvolvidos carece destes factores de produção modernos para aumentar a produção agrícola à medida que a população aumenta, devido aos preços elevados dos factores de produção agrícolas modernos ou à sua indisponibilidade. (P Blaikie, H Brookfield, 2015)

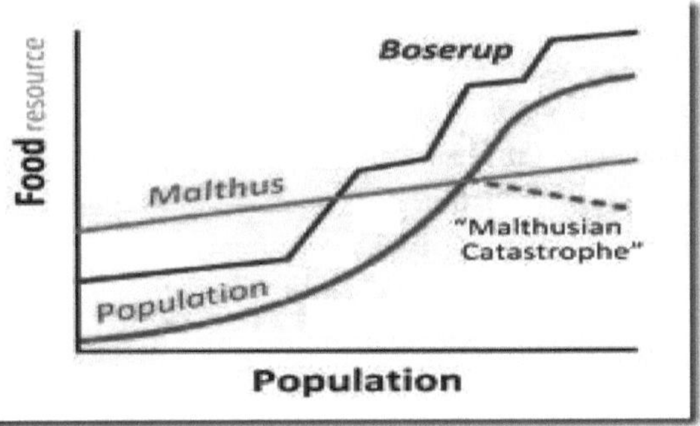

Figura 2. 1 Diagrama da teoria de Malthus e Boserup sobre a população e a produção de géneros alimentícios

2.3 LITERATURA EMPÍRICA

O estudo em questão baseia-se em literaturas sobre o objetivo do estudo.

2.3.1 CAUSAS DOS INCÊNDIOS FLORESTAIS

Os ecossistemas de savana tropical representam cerca de 22% da superfície terrestre global (Ramankutty & Foley, 1999). Anualmente, até 75% das paisagens de savana tropical global são queimadas por incêndios naturais ou antropogénicos (Hao et al., 1990) e, consequentemente, 50% da quantidade total anual de biomassa queimada globalmente ocorre na região de savana (Hao & Liu, 1994). Os trópicos húmidos e secos do norte da Austrália incluem extensas áreas de vegetação de savana, que ocupam aproximadamente 1,9 milhões de km2. Esta área representa 12% dos ecossistemas de savana tropical do mundo, tornando este bioma de savana de importância global. Nesta região, o fogo é indiscutivelmente a maior perturbação ambiental natural e antropogénica, com vastas extensões queimadas todos os anos através de relâmpagos e por pastores, proprietários aborígenes e gestores de conservação (Russell-Smith et al., 2003; Andersen et al., 2005). Os raios são a causa de quase todos os incêndios florestais que ocorrem naturalmente. Por exemplo, o Departamento de Sustentabilidade e Ambiente (Victoria) estima que 26% dos incêndios florestais em terrenos públicos são causados por relâmpagos. As actividades humanas são responsáveis pela maior parte do resto, sendo os acidentes associados a queimadas, fogueiras e maquinaria as fontes de ignição mais comuns. (Department of Sustainability and Environment Victoria 2009). Os processos judiciais relativos a incêndios acesos de forma maliciosa raramente são obtidos, pelo que é difícil avaliar a sua magnitude. No entanto, Willis (2005) analisou o fogo posto em incêndios florestais, incluindo as razões pelas quais as pessoas acendem fogos de forma maliciosa, os seus impactos, a gestão dos infractores e a prevenção. Embora existam variações consideráveis nas taxas de acordo com os locais e as épocas, ele estimou que geralmente entre 25 e 50% dos incêndios florestais são provocados deliberadamente. Na África Ocidental, os danos causados pelos incêndios tornaram-se um problema mais generalizado e significativo desde a seca devastadora de 1982-83. Durante este período, a Organização para a Alimentação e Agricultura (FAO) estimou que cerca de 50% da cobertura vegetal foi destruída. Os incêndios anuais que se seguiram alteraram substancialmente a composição e a estrutura da floresta semidecídua. Estas florestas e o património genético que lhes está associado, bem como a produtividade a longo prazo, estão sob a maior ameaça do fogo. Sabe-se também que o fogo reduz a fertilidade do solo ao destruir a matéria orgânica, que é um constituinte importante dos solos férteis. Os agricultores já estavam a observar a redução da fertilidade do solo e as reduções de rendimento associadas. Este é agora um problema crescente de redução da fertilidade do solo na zona de transição da África Ocidental. Os incêndios florestais estão também ligados às actividades de exploração madeireira na África Ocidental. Foram encontradas provas que apoiam a hipótese de que o abate de árvores aumenta a incidência de incêndios. A vegetação das florestas fortemente exploradas, alguns anos após o fim do abate, é mais suscetível ao fogo. É mais seca ao nível do solo, com mais caules finos presentes e maior fluxo de vento ao nível do solo. A maioria das espécies de madeira importantes nesta região não está a regenerar bem em áreas gravemente queimadas. O fogo está a reduzir a regeneração de espécies de madeira economicamente importantes, ao passo que a própria atividade madeireira está a aumentar a incidência de incêndios. Em todo o Gana, os incêndios florestais têm causado um elevado número de mortes e um sofrimento incalculável a pessoas e animais e têm afetado negativamente o ambiente. Há vários factores que causam os incêndios florestais e os habitantes têm boas razões para usar o fogo. No entanto, alguns destes incêndios, se não forem devidamente controlados, acabam por causar danos graves. No ecossistema florestal, o fogo é praticamente o meio mais barato disponível para limpar o mato e as árvores abatidas dos campos para criar uma área de plantação maior para as culturas. A queimada é essencial para uma boa colheita com um mínimo de trabalho. Os agricultores partilham a opinião de que, quando a vegetação é queimada, são depositadas grandes quantidades de cinzas ricas em nutrientes na superfície do solo, que proporcionam às culturas recém-plantadas os benefícios da biomassa que cresceu no local. Esta observação é apoiada por estudos que confirmam a disponibilidade de nutrientes (por exemplo, cinzas) para as plantas em crescimento. No distrito de Wa West, a deterioração do solo e da vegetação é causada pelas actividades humanas, especialmente os incêndios florestais. No início da estação seca, os pastores ateiam frequentemente fogos para estimular o crescimento de rebentos jovens. Segundo os pastores, o rebento ou os rebentos jovens são mais saborosos e contêm mais nutrientes. As queimadas melhoram as áreas de pastagem porque os animais de pastoreio são frequentemente encontrados a pastar em áreas queimadas onde a erva é mais acessível, palatável e nutritiva. A queima de arbustos e ervas no distrito ocorre espontaneamente por raios ou frequentemente pelo homem para fins agrícolas (por exemplo, para facilitar o crescimento de novas ervas para o gado) e para a caça. Os incêndios florestais são mais extensos na savana, onde uma série de factores são responsáveis pela frequência e extensão dos incêndios. As savanas, devido à sua localização geográfica, têm um período seco prolongado que se estende de outubro a abril, resultando numa secagem mais profunda da vegetação e dos solos. A intensidade do sol é geralmente sentida com vegetação esparsa. A velocidade do vento é geralmente elevada. A importância do pastoreio é particularmente significativa nesta região. Assim, a necessidade de erva fresca e verde leva a que os pastores tenham tendência a queimar a vegetação seca e indesejável (gramíneas) e a promover o crescimento das pastagens.

2.3.2 EFEITOS DOS INCÊNDIOS FLORESTAIS NA PRODUÇÃO DE CULTURAS ALIMENTARES

A nível mundial, estima-se que 150 a 250 milhões de hectares dos 1,8 mil milhões de hectares de florestas tropicais registados são afectados anualmente por incêndios florestais. Muitas árvores florestais maduras e imaturas são mortas anualmente por incêndios de alta intensidade. Nas florestas da Amazónia, por exemplo, os incêndios florestais causam uma elevada mortalidade em muitas espécies úteis, com uma taxa que varia entre 36 e 96%. No entanto, o fogo descontrolado tornou-se um dos principais problemas ambientais enfrentados pela comunidade global e, de facto, a perturbação global mais importante, tendo em conta os seus efeitos observados na área terrestre e na produção de culturas alimentares. As savanas africanas constituem cerca de 50% dos ecossistemas terrestres globais (Osborne et al. 2018). No entanto, estudos revelaram que, nos últimos anos, a savana africana sofreu uma rápida transformação através de actividades antropogénicas, incluindo o uso antropogénico indiscriminado do fogo. Vários investigadores descobriram que existe uma queima contínua de vegetação em África. As imagens de satélite e as observações no terreno confirmaram um padrão de queimadas de janeiro a abril na África Ocidental e de julho a outubro na África Oriental e em partes da África Austral (Archibald 2016). Os autores destacaram a utilização extensiva e frequente do fogo na savana africana, razão pela qual África é referida como o "continente do fogo". As práticas de uso da terra, incluindo o uso do fogo, têm enormes efeitos na vegetação e nos solos (Veasey et al. 2013). É de notar que a relação solo-fogo define predominantemente a estrutura, função e dinâmica dos ecossistemas de savana (Bassett & Crummy 2003). As propriedades do solo são, portanto, fundamentais para a sustentabilidade da savana e requerem mais monitorização e maior atenção do que têm recebido (Doerr & Santı2016). A avaliação da

Organização das Nações Unidas para a Alimentação e a Agricultura (FAO) durante os incêndios de 1982-1983 no Gana mostra que cerca de 35% (154 000 toneladas métricas) de culturas em pé e cereais armazenados foram destruídos por incêndios florestais (Ampadu-Agyei, 1988). Em 1984-85, foram registados cerca de 145 incêndios florestais só na zona da savana do norte. As culturas mais afectadas foram o arroz e o milho. A dimensão média das explorações agrícolas afectadas foi de 50 ha, com as maiores a cobrirem cerca de 100 ha (Nsiah-Gyabaah, 1996). O Gana tem perdido uma percentagem cada vez maior do seu Produto Interno Bruto (PIB) devido à devastação indiscriminada dos incêndios florestais. É também a causa direta de danos ambientais irreversíveis no Gana. Em certas zonas do país, o processo de desertificação foi acelerado devido aos incêndios florestais, que destruíram permanentemente materiais orgânicos delicados mas vitais do solo. Atualmente, a maior parte das zonas afectadas pelos incêndios revela uma degradação progressiva. Várias Reservas Florestais, que eram anteriormente florestas tropicais altas e densas, ricas em biodiversidade, tornaram-se pradarias com árvores de copa relíquia dispersas e danificadas pelo fogo (Ministério da Terra e das Florestas, 2006). No Gana, a queima de biomassa, particularmente na estação seca, tem sido uma tendência anual na Região Norte do Gana durante décadas, com registos que remontam à época colonial. Os estudos argumentam que os incêndios florestais se devem à utilização descontrolada do fogo para a caça, a produção de carvão vegetal e a produção de culturas (pré-culturas e pós-colheitas), uma vez que a maioria dos agricultores do norte do Gana utiliza o fogo para a preparação da terra para as culturas. Korem et al também relataram que os incêndios ocorrem frequentemente em áreas com grandes populações de caça e gado e indicaram que o efeito do fogo em pastagens naturais e parques na savana é enorme. Kugbe et al estimaram que 37 ±2,6 mil km2 (46-60%) da savana da Guiné no Gana são queimados anualmente durante a estação seca. Está bem documentado que as práticas de uso da terra assistidas pelo fogo são fundamentais para a diversificação dos meios de subsistência na região, o que constitui um importante fator de contribuição para os incêndios na região. Assim, os incêndios sazonais podem ser uma ameaça para as florestas e parques onde estas actividades de subsistência ocorrem. O inquérito social realizado no distrito indicou que os incêndios florestais trouxeram dificuldades incalculáveis a indivíduos ou, por vezes, a toda uma comunidade/agregado familiar, quer sob a forma de dificuldades económicas, quer sob a forma de perda de vidas ou de

bens. Há numerosos casos de comunidades parciais ou inteiras que foram destruídas pelos incêndios. Estes incêndios queimam por vezes plantações de milho, mandioca e arroz, bem como plantações de caju, manga e outras árvores. Os produtos agrícolas colhidos em silos nas explorações ou em casa são por vezes afectados pelos incêndios florestais (C. Winckler, 2016). Os postes eléctricos e outras instalações são por vezes queimados nestes incêndios, interrompendo o fornecimento de energia às comunidades. A interrupção do fornecimento de eletricidade afecta negativamente as actividades socioeconómicas dos residentes que se dedicam à venda de alimentos, carne, peixe, bebidas e refrigerantes, uma vez que o seu stock se estraga e tem de ser deitado fora, o que lhes custa muito dinheiro, porque os seus negócios não estão segurados (C.
Winckler, 2016).

2.3.3 PREVENÇÃO DE INCÊNDIOS FLORESTAIS

Os esforços iniciais para controlar os incêndios florestais não colocaram qualquer ênfase na gestão. A primeira tentativa oficial de gerir os incêndios florestais foi vista na Política das Florestas de Savana de 1934. No entanto, esta política apenas procurou persuadir (e não coagir) as comunidades locais a adoptarem a gestão do fogo como uma ferramenta para a gestão das florestas da savana. A implementação da política foi ineficaz porque as estratégias propostas estavam em desacordo com as práticas culturais das pessoas, que incluíam o corte e a queima como prática agrícola (Nsiah-Gyabaah, 1996). A Política Nacional do Ambiente reconhece a deterioração qualitativa e quantitativa da cobertura do solo (floresta e savana) e dos recursos da vida selvagem devido à queima frequente e descontrolada de arbustos. Reconhecendo os efeitos benéficos do fogo como instrumento de gestão, especialmente nos sistemas agrícolas tradicionais, e os impactos prejudiciais que frequentemente acompanham o seu abuso ou má utilização, foram introduzidos controlos legislativos em 1983. Em 1988, o Plano Nacional de Ação Ambiental (NEAP) foi iniciado para colocar as questões ambientais na agenda prioritária. Em 1983, foi promulgada uma lei contra os incêndios florestais (Lei 46 do PNDC), que proíbe a realização de incêndios, exceto para determinados fins agrícolas, florestais e de gestão da caça. O objetivo da lei é proteger a cobertura do solo, a vida selvagem e o habitat. Esta lei foi promulgada para controlar os incêndios florestais no país. No entanto, a lei não prevê disposições de implementação em termos de responsabilidades para as agências governamentais e papéis para as comunidades e autoridades tradicionais. Além disso, as multas e sanções previstas na lei não eram suficientemente dissuasoras; por conseguinte, a lei não alcançou os resultados desejados. Em 1990, foi decretada a Lei 229 do PNDC sobre o controlo e a prevenção de incêndios florestais para substituir a P.N.D.C.L 46, que constituía uma melhoria em relação à lei de 1983, atribuindo funções às Assembleias Distritais e prevendo a criação de Esquadrões de Bombeiros Voluntários de Aldeia. Embora a lei defendesse o estabelecimento de bombeiros voluntários baseados na comunidade, era omissa quanto à forma como a logística poderia ser fornecida para apoiar as suas operações (Nsiah-Gyabaah, 1996).

Mais uma vez, não forneceu um quadro abrangente para lidar com a ameaça de incêndios florestais no país (Política Nacional de Gestão de Incêndios Florestais, 2006). Nunca é demais sublinhar a importância da educação e da responsabilidade das várias comunidades. Apesar destes esforços, muito pouco foi conseguido na prevenção e controlo dos incêndios florestais, porque as utilizações benéficas do fogo na agricultura para o indivíduo ultrapassam de longe os danos que causa aos recursos de propriedade comum (EK Addai, 2016).O Departamento Florestal, a Agência de Proteção Ambiental, o Serviço Nacional de Bombeiros e as Brigadas Voluntárias de Incêndios Comunitários carecem de recursos para implementar as políticas de combate aos incêndios. No passado, era difícil implementar as leis de prevenção e controlo dos incêndios, porque a Lei dos Incêndios Florestais de 1983 não confiava a sua execução a nenhuma agência governamental específica. O poder e a autoridade dos governantes tradicionais que, no passado, aplicavam as regras e regulamentos locais sobre o uso do fogo foram reduzidos pela educação, modernização e urbanização. Assim, as normas tradicionais no uso do fogo parecem ter sido quebradas pela modernização, com consequências ambientais prejudiciais. O papel do Serviço Nacional de Bombeiros do Gana como agência de formação necessita de apoio logístico, bem como de incentivos. Fazer leis que proíbam o corte e a queima de arbustos é fácil; no entanto, impedir que os cultivadores e caçadores façam queimadas n ã o é. Por isso, a capacidade das instituições distritais e locais para lidar com o problema dos incêndios florestais deve ser reforçada para permitir que as pessoas locais apliquem políticas de incêndios consistentes com as perspectivas nacionais de desenvolvimento sustentável. (Nsiah-Gyabaah, 1996).

2.3.3.1 Constrangimentos à prevenção de incêndios florestais

Apesar das várias legislações e políticas que foram postas em prática para erradicar os incêndios florestais perenes, existem constrangimentos que inibem a exclusão dos incêndios florestais perenes no Gana, especialmente na zona ecológica da Savana. De acordo com o Centro de Monitorização Global de Incêndios (2004), durante a era colonial, os esforços repetidos e infrutíferos para excluir sistematicamente os incêndios florestais foram abandonados a favor da aceitação das queimadas precoces como um "mal" necessário. A falta de informação biofísica sobre a carga de incêndio é frequentemente a principal razão pela qual os incêndios de "queima antecipada" acabam, na prática, por se comportar mais como incêndios tardios que, ironicamente, os primeiros se destinam a evitar. De acordo com o Centro de Monitorização Global do Fogo (2004), embora as queimadas indesejadas e descontroladas possam ter um grande efeito ao nível da comunidade, podem ainda não ser suficientemente importantes para justificar a preocupação dos decisores políticos, e essa perceção deve ser desafiada como um primeiro passo para uma utilização mais deliberada, controlada e responsável do fogo em África. Esta afirmação do Centro de Monitorização Global de Incêndios (2004) explica vividamente a razão pela qual a maioria dos governos em África não utiliza a deteção remota para lidar com a ameaça, juntamente com o facto de não existirem recursos humanos qualificados suficientes na indústria do fogo para tripular estes equipamentos e dispositivos de deteção remota. A atribuição orçamental inadequada para lidar com a ameaça pelas agências apropriadas é a ruína dos incêndios florestais perenes (Korem, 1985), estes sentimentos foram ainda ecoados pelo Global Fire Monitoring Center (2004) que a ameaça dos incêndios florestais perenes, apesar da atribuição orçamental inadequada, é ainda agravada por sectores excessivos em muitos governos, levando ao desenvolvimento de políticas descoordenadas, políticas conflituosas e duplicação de esforços e recursos.

A Figura 2. 2 ilustra o quadro concetual

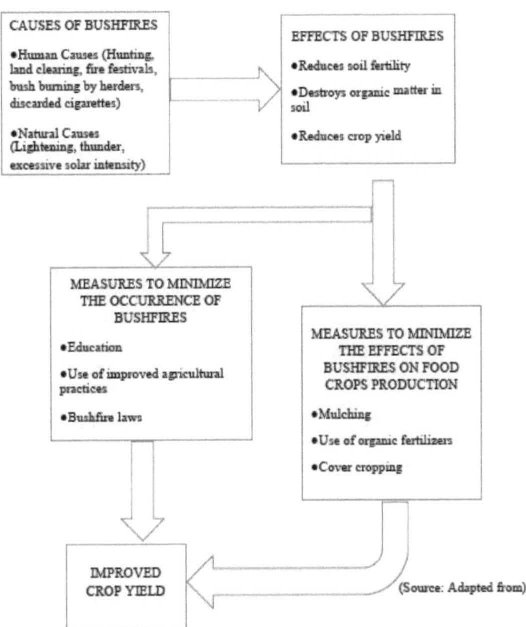

O quadro concetual que serviu de roteiro para atingir o objetivo principal do estudo centrou-se nos objectivos do estudo. As causas humanas e naturais dos incêndios florestais têm impactos na produção de culturas alimentares, causando danos à fertilidade do solo, destruindo a matéria orgânica no solo, o que reduz o rendimento das culturas. O objetivo de assegurar um melhor rendimento das culturas baseia-se na necessidade de dar prioridade a medidas para minimizar a ocorrência de incêndios florestais e a medidas para minimizar os efeitos dos incêndios florestais na produção de culturas alimentares.

CAPÍTULO TRÊS

ÁREA DE ESTUDO E METODOLOGIA

3.1 INTRODUÇÃO

Este capítulo centra-se no perfil da área de estudo e na metodologia.

3.2 PERFIL DA ZONA DE ESTUDO

3.2.1 LOCALIZAÇÃO

O distrito de Wa West é um dos onze (11) distritos que constituem a região do Alto Oeste, criada em 2004 pelo Instrumento Legislativo 1751. O distrito está situado na parte ocidental da região do Alto Oeste, aproximadamente entre as longitudes 904°N e 1001°N e também entre as latitudes 202°W e 205°W. Faz fronteira a sul com a região de Savannah, a noroeste com o distrito de Nadowli, a leste com o município de Wa e a oeste com o Burkina Faso. O distrito de Wa West inclui comunidades como Siriyiri, Sliaa, Zanko, Zogli Guo e Wechiau como capital.

3.2.2 CLIMA

O clima de Wa West é do tipo tropical continental, com a temperatura média anual a variar entre 22,5°C e 45°C. As comunidades sob o distrito, como a maioria dos distritos nas três regiões do Norte, têm a vantagem comparativa durante os meses de novembro a fevereiro (período harmattan) de ter uma temperatura noturna relativamente fria entre 18 °C a 22 °C e uma temperatura diurna quente de 38 °C a 40 °C. O período entre fevereiro e abril é o mais quente. Entre abril e outubro, a massa de ar marítimo tropical sopra sobre a área, o que dá a única estação chuvosa do ano, com a precipitação adequada para a agricultura sendo efetivamente apenas por quatro (4) a seis (6) meses por ano. O fraco padrão de precipitação leva à migração dos jovens, um fator associado ao subdesenvolvimento da base de recursos humanos da comunidade e do distrito como um todo. A comunidade tem uma precipitação média anual de cerca de 1080 mm, com o seu pico em agosto. Calcula-se que há apenas quatro (4) meses húmidos (junho - setembro) em termos de condições de humidade do solo, o que é apenas adequado para o cultivo de culturas como o painço, o feijão, o amendoim, etc. (Fonte: Gabinete Distrital de Wa West).

3.2.3 VEGETAÇÃO

O distrito de Wa West está localizado na Faixa de Vegetação da Savana da Guiné. A vegetação consiste em erva com árvores dispersas resistentes à seca, como o carité, o baobá, a dawadawa e o nim (Wa West district Office). A coleção heterogénea de árvores fornece todas as necessidades domésticas de lenha e carvão, construção de casas e também vedação de jardins. A vegetação é também propícia à criação de gado, o que contribui significativamente para o rendimento das famílias da comunidade. Os arbustos mais curtos e a erva fornecem forragem para o gado (gabinete distrital de Wa West). A grande influência sobre a vegetação é a estação seca prolongada. Durante este período, a erva fica seca e a subsequente queima de arbustos deixa a área coberta de manchas e, na sua maioria, sem vegetação. Consequentemente, as chuvas torrenciais do início da estação causam a erosão do solo. As queimadas reduzem a cobertura vegetal e afectam negativamente a precipitação (gabinete do distrito de Wa West).

3.2.4 GEOLOGIA E SOLOS

O distrito está ligado a rochas como as ígneas (granito), sedimentares (arenito, xisto, aluvião) e metamórficas (granito) que foram transformadas em diferentes graus de solo (gabinete distrital de Wa West). O terreno do distrito é geralmente plano com estes tipos de rocha. Os cascalhos são os principais componentes da área, o que pode ser visto no solo, que é argiloso e franco-arenoso, o que implica que a água é facilmente drenada e, por conseguinte, há escassez de água para fins domésticos, sobretudo na estação seca. A natureza geral dos solos, associada às práticas tradicionais de utilização das terras e à pluviosidade limitada, tende a ter efeitos adversos na produção agrícola. Isto obriga os jovens a procurar o seu sustento noutros locais, à custa das suas vidas e da sua saúde. No entanto, a recolha de água de furos tem sido bem sucedida na comunidade porque as rochas têm um sistema de fracturação bem desenvolvido.

3.2.5 TOPOGRAFIA

A topografia do distrito de Wa West é suavemente ondulada, com algumas colinas que variam entre 180 e 300 metros acima do nível do mar. É drenado por um rio principal - o Volta Negra - a Oeste, que marca a fronteira entre o Distrito e a República do Burkina Faso. O Volta Negra e os seus afluentes constituem o principal sistema de drenagem do Distrito. O rio e os seus vários afluentes apresentam oportunidades de irrigação no Distrito que podem promover a agricultura durante todo o ano. A maior parte dos cursos de água afluentes são sazonais, o que perturba a liberdade de deslocação durante a estação das chuvas ao longo de todas as estradas principais para a capital do Distrito.

3.2.6 POPULAÇÃO

A população do distrito de Wa West, de acordo com o Censo da População e Habitação de 2010, é de 81 348 habitantes, representando 11,6% da população total da região. Os homens representam 49,5 por cento e as mulheres 50,5 por cento. O distrito é totalmente rural. A proporção entre os sexos do distrito é de 97,8. A população do distrito é jovem (45,5%), apresentando uma pirâmide populacional de base alargada que se reduz com um pequeno número de pessoas idosas (5,8%). O rácio total de dependência da idade para o distrito é de 105,6, sendo o rácio de dependência da idade para os homens mais elevado (118,2) do que o das mulheres (94,6). (Fonte: Serviço de Estatística do Gana, Recenseamento da População e da Habitação de 2010).

3.2.7 CULTURA E AMBIENTE TRADICIONAIS

Paralelamente ao sistema de governação descentralizada, existe um sistema de governação tradicional paralelo que parece estar em desacordo com o sistema da Assembleia Distrital. Embora os dois sistemas de governação procurem o desenvolvimento da área, eles não são capazes de se associar para alcançar o objetivo comum de desenvolvimento no Distrito. Isto pode ser atribuído à dinâmica subtil de poder e à competição pelo controlo dos recursos entre os dois sistemas. O Distrito tem duas paramountcies: Wechiau e Dorimon com títulos 'WechiauNaa' e 'DorimonNaa' respetivamente. Existem também chefes divisionais e subdivisionais sob a autoridade das duas soberanias. A sucessão ao trono é patrilinear (Fonte: Serviço de Estatística do Gana, Recenseamento da População e da Habitação de 2010).

3.2.8 SITUAÇÃO DA ACTIVIDADE ECONÓMICA

Cerca de 75,1 por cento da população com idade igual ou superior a 15 anos é economicamente ativa, enquanto 27,9 por cento é economicamente não ativa. Da população economicamente ativa, 98,4% estão empregados e 1,6% estão desempregados. Entre os que não são economicamente activos, uma grande percentagem é estudante (43,2%), 22,4% desempenham tarefas domésticas e 5,9% são deficientes ou estão demasiado doentes para trabalhar. Cerca de quatro em cada dez desempregados (40,7%) estão a procurar trabalho pela primeira vez (Fonte: Serviço de Estatística do Gana, Recenseamento da População e da Habitação de 2010).

3.2.9 OCUPAÇÃO

Da população empregada, cerca de 75,0% são trabalhadores qualificados da agricultura, silvicultura e pesca, 8,0% dos serviços e vendas, 7,0% do artesanato e comércio relacionado e 5,0% são gestores, profissionais e técnicos (Fonte: Serviço de Estatística do Gana, Recenseamento da População e Habitação de 2010).

3.3 METODOLOGIA

A metodologia do estudo tem em consideração o seguinte: conceção da investigação, fontes de dados, técnicas de amostragem e determinação da dimensão da amostra, método e instrumentos de recolha de dados, técnicas de análise e apresentação dos dados e considerações éticas.

3.3.1 TIPO DE CONCEPÇÃO DA INVESTIGAÇÃO

Nesta investigação, foi utilizada uma abordagem de método misto, uma vez que as informações obtidas são tanto numéricas como não numéricas. A administração de questionários foi utilizada para obter dados biológicos e a componente empírica, que consiste em perguntas em conformidade com o objetivo do estudo. Os questionários estruturados e semi-estruturados forneceram dados quantitativos e qualitativos. Foi utilizado um guião de entrevista com perguntas não estruturadas para a obtenção de dados qualitativos.

3.3.2 FONTES DE DADOS

Nesta investigação, foram utilizados dados primários e secundários.

3.3.2.1 DADOS PRIMÁRIOS

Os dados foram gerados originalmente no terreno através da administração de questionários, entrevistas a informadores-chave e observação.

3.3.2.2 DADOS SECUNDÁRIOS

Os dados foram gerados a partir de fontes documentais, tais como artigos publicados, revistas, livros de texto, etc.

3.3.3   AMOSTRAGEM

A população-alvo são os membros da comunidade, uma vez que a principal atividade económica no distrito de Wa West é a agricultura. Foram obtidos dados dos membros da comunidade, que também são agricultores, sobre questões relacionadas com os incêndios florestais e a produção de culturas alimentares. O quadro de amostragem continha a lista dos anciãos das comunidades, dos chefes e dos agricultores.

A amostragem aleatória simples utilizada foi o método de números aleatórios. Devido a limitações de tempo e de recursos, este método foi usado para selecionar quinze agricultores de cinco comunidades e um chefe para representar a população do distrito, fazendo com que o tamanho da amostra fosse setenta e seis.
Estas comunidades são: Guo, Zanko, Wechiau, Zogli e Siriyirii.

Utilizou-se a amostragem propositada para selecionar chefes de instituições para interação. Essas instituições incluem o Ministério da Alimentação e Agricultura, o Serviço Nacional de Bombeiros do Gana e a Assembleia Distrital.

3.3.4 MÉTODOS E INSTRUMENTOS DE RECOLHA DE DADOS

Os dados primários e os dados secundários foram recolhidos através de várias aplicações eficazes e eficientes de métodos de recolha de dados, que incluem entrevistas a informadores-chave, observação e administração de questionários.

3.3.4.1 ENTREVISTA COM INFORMADOR-CHAVE

Foram entrevistados informadores-chave do Ministério da Alimentação e Agricultura, do Serviço Nacional de Bombeiros do Gana e da Assembleia Distrital para obter dados qualitativos sobre o assunto.

3.3.4.2 OBSERVAÇÃO

A observação implica a recolha de dados através da visão, mas pode ser auxiliada por uma conversa. Utilizei uma ferramenta como esta para identificar as queimadas e os meios de agricultura e produção nestas comunidades. Esta ferramenta ajudou a perceber as mudanças e diferenças na comunidade.

3.3.4.3 ADMINISTRAÇÃO DO QUESTIONÁRIO

Foi administrado um questionário aos agricultores para solicitar as suas opiniões sobre os efeitos dos incêndios florestais na produção de culturas alimentares.

3.3.5 MÉTODOS DE ANÁLISE DE DADOS

A estatística descritiva e a técnica de análise de conteúdo foram utilizadas na análise dos dados qualitativos e quantitativos, respetivamente. O objetivo da estatística descritiva é permitir-me descrever, explicar e interpretar de forma significativa os dados quantitativos utilizando poucas estatísticas ou índices. Além disso, a análise de conteúdo é uma técnica qualitativa muito utilizada.

Foi utilizado para fazer interferências replicáveis e válidas através da interpretação e codificação de materiais textuais. Isto deve-se ao facto de os dados obtidos serem mais palavras (qualitativos) do que números (quantitativos). Este método foi o mais conveniente para a análise dos dados.

3.3.6 CONSIDERAÇÕES ÉTICAS

A ética na investigação é constituída por princípios morais que orientam os investigadores no sentido de realizarem e comunicarem a investigação sem enganos.

3.3.6.1 Procedimento/formalidades de entrada na Comunidade

A entrada na comunidade é o processo de iniciar, cultivar e manter uma relação desejável com o objetivo de assegurar e manter o interesse da comunidade em todos os aspectos do estudo. Assim, em primeiro lugar, encontrei-me com o chefe e os anciãos para discutir a missão. Em segundo lugar, o envolvimento da comunidade (anunciei-me aos membros da comunidade para os informar sobre o estudo e solicitar as suas opiniões sobre o mesmo).

3.3.6.2 Garantir a exatidão, a validade e a fiabilidade

Para garantir a exatidão, a validade e a fiabilidade do estudo, os inquiridos participaram com base no consentimento informado. Além disso, a privacidade e o anonimato dos inquiridos foram garantidos e a participação voluntária dos inquiridos na investigação é importante e foi utilizada.

3.3.6.3 Consentimento informado

Forneci informações suficientes a um potencial participante numa língua que é facilmente compreendida por ele, para que possa tomar a decisão voluntária de participar ou não no estudo de investigação.

3.3.6.3 Sigilo

Para garantir o sigilo, tomei medidas para proteger a identidade de ser descoberta por outros. Nestes casos, a manutenção da confidencialidade é uma medida fundamental para garantir a proteção das informações privadas.

CAPÍTULO QUATRO
ANÁLISE DE DADOS E APRESENTAÇÃO

4.1 INTRODUÇÃO

Este capítulo examina os incêndios florestais na produção de culturas alimentares no distrito de Wa West. Centra-se nas causas dos incêndios florestais no distrito, nos efeitos dos incêndios florestais e nas medidas para prevenir a ocorrência de incêndios florestais. Os dados recolhidos são claramente analisados com recurso ao SPSS e apresentados de forma quantitativa e qualitativa. Com a análise quantitativa, foram utilizados quadros, gráficos de barras e gráficos de pizza para simplificar claramente a informação para os leitores deste documento. A análise qualitativa dá clareza aos dados quantitativos para os simplificar ainda mais para todas as pessoas interessadas.

4.2 ANTECEDENTES DOS INQUIRIDOS

A maioria dos inquiridos entrevistados são residentes de algumas comunidades seleccionadas no distrito. Estas comunidades incluem Siriyiri, Zanko, Zogli, Guo e Wechiau. "A Assembleia Distrital é a mais alta autoridade política, administrativa e de planeamento no distrito, com funções deliberativas, legislativas e executivas. A Assembleia Distrital de Wa West tem 35 membros, dos quais 27 são eleitos e 8 são nomeados pelo Governo, representando as autoridades tradicionais e os grupos económicos organizados do Distrito. Existem cinco conselhos de área compostos por Dorimon, Ga, Gurungu, Vieri e Wechiau" - (KII Assembleia Distrital de Wa West, 2021).

4.2.1 DISTRIBUIÇÃO ETÁRIA DOS INQUIRIDOS

Isto inclui a distribuição etária dos setenta e seis inquiridos amostrados entre as comunidades seleccionadas no distrito. Abaixo está a distribuição etária dos 76 inquiridos da amostra.

O quadro 4. 1 ilustra a distribuição etária dos inquiridos

Idade	Frequência	Percentagem	Percentagem válida	Percentagem acumulada 51.3
15-29	39	51.3	51.3	
30-45	20	26.3	26.3	77.6
46+ Total	17	22.4	22.4	100.0
	76	100.0	100.0	

Inquérito de campo 2021

A partir da tabela 4.1, as respostas dos setenta e seis (76) inquiridos da amostra revelam que trinta e nove (39) dos inquiridos estão dentro da faixa etária dos 15-29 anos, representando 51,3%, vinte (20) inquiridos estão dentro da faixa etária dos 30-45 anos representando 26,3% enquanto dezassete (17) inquiridos estão dentro da faixa etária dos 46+ representando 22,4%. Isto mostra que a maioria dos agricultores do distrito está na faixa etária dos 15-29 anos e contribui para os incêndios florestais.

4.2.2 SEXO DOS INQUIRIDOS

O quadro 4. 2 é uma ilustração do sexo dos inquiridos

Sexo	Frequência	Percentagem	Percentagem válida	Percentagem acumulada 61.8
Masculino	47	61.8	61.8	100.0
Feminino	29	38.2	38.2	
Total	76	100.0	100.0	

Inquérito de campo 2021

A partir da tabela 4.2, 61,8% dos inquiridos são do sexo masculino, o que representa 47 do número total de inquiridos, enquanto 38,2% dos inquiridos são do sexo feminino, representando 29 do total de inquiridos. O que indica que os homens estão maioritariamente envolvidos em actividades como a caça, o desbravamento de terras e o fumo, o que leva a incêndios florestais na comunidade.

4.2.3 FORMAÇÃO ACADÉMICA

O quadro 4. 3 ilustra a formação académica

Nível de escolaridade	Frequência	Percentagem	Percentagem válida	Percentagem acumulada
Não formal Básico Terciário Total	33 40 3 76	43.4 52.6 3.9 100.0	43.4 52.6 3.9 100.0	43.4 96.1 100.0

Inquérito de campo, 2021

A partir da tabela 4.3, 56.3% dos inquiridos obtiveram educação formal que inclui: educação básica 52.6% e educação terciária 3.9%, enquanto 43.4% do total dos inquiridos não têm educação formal. A elevada taxa de analfabetismo no distrito tem influência na ocorrência de incêndios florestais. Devido à elevada taxa de analfabetismo dos membros da comunidade, a maioria deles não tem conhecimentos aprofundados sobre as consequências e a prevenção dos incêndios florestais. As pessoas na área de estudo são principalmente agricultores de subsistência que se dedicam a actividades agrícolas que podem resultar em incêndios florestais no distrito.

4.2.4 ANTECEDENTES PROFISSIONAIS

"A agricultura representa 86,0% da economia do distrito" - (KII Assembleia Distrital de Wa West, 2021). A atividade agrícola predominante é a agricultura. A maior parte dos agricultores dedicam-se a uma combinação de culturas e produção animal. "As principais culturas cultivadas são o milho, o painço, o feijão-frade e o amendoim. O Distrito tem vantagens comparativas na produção de amendoim e de feijão-frade. Existem oito pontos de comercialização no distrito. Estes estão localizados em Dorimon, Dabo, Taanvare, Wechiau, Vieri, Ponyentanga, Nyoli e Gurungu. Estes mercados são organizados num ciclo de 6 dias. Os produtos agrícolas e os factores de produção são facilmente vendidos e comprados nestes mercados" - (KII Assembleia Distrital de Wa West, 2021). A comercialização de culturas alimentares e de produtos domésticos é maioritariamente feita por mulheres. A compra e venda de gado é, no entanto, efectuada por homens. "O acesso físico aos mercados é deficiente devido ao mau estado da rede rodoviária. A melhoria das infra-estruturas rodoviárias tem o potencial de aumentar a mobilização de receitas no distrito" - (KII Wa West district, 2021).

A figura 4. 1 é uma ilustração da distribuição profissional dos inquiridos

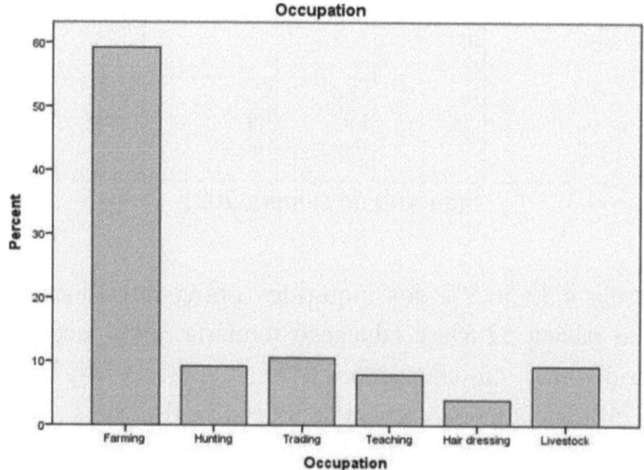

A partir da figura 4.1, a agricultura é a principal atividade económica no distrito, representando 59,2% dos inquiridos, o comércio, que é outra ocupação importante no distrito, representa 10,5%. A caça representa 9,2%, enquanto a produção de gado também representa 9,2% dos inquiridos. O ensino representa 7,9%, enquanto o tratamento do cabelo representa 3,9%. Isto significa que os agricultores são predominantes no distrito e, portanto, as actividades dos agricultores resultam em incêndios florestais.

4.2.5 RELIGIÃO

O quadro 4. 4 é uma ilustração da religião dos inquiridos

Religião	Frequência	Percentagem	Percentagem válida	Percentagem acumulada
Cristianismo	37	48.7	48.7	48.7
Tradicionalistas muçulmanos	32	42.1	42.1	90.8
Total	7	9.2	9.2	100.0
	76	100.0	100.0	

Inquérito de campo, 2021

A partir de 4.4, o Cristianismo é dominante no distrito, representando 48,7% dos inquiridos, enquanto os Muçulmanos, que é outra religião importante no distrito, representam 42,1%. Os tradicionalistas, que são poucos no distrito, representam 9,2% do distrito. Não foram obtidas outras religiões no distrito.

4.3 CAUSAS DOS INCÊNDIOS FLORESTAIS

Os incêndios florestais no distrito são causados tanto por forças naturais como antropogénicas. Estas incluem a caça, a limpeza de terrenos através de queimadas, cigarros descartados, relâmpagos, trovões e intensidade solar excessiva. Abaixo encontra-se uma tabulação cruzada que mostra as causas dos incêndios florestais no distrito.

O quadro 4. 5 ilustra as causas dos incêndios florestais

Localização de inquiridos	Causas dos incêndios florestais						Total
	Caça	Terreno limpeza por incineraçã o	Descartad o cigarro	Ilumina ção	Trovão	Excessi vo solar intensid ade	
Contagem Guo	0	17	0	0	0	0	17
% do total	0.0%	22.4%	0.0%	0.0%	0.0%	0.0%	22.4%
Contagem Zanko	4	1	5	0	0	0	10
% do total	5.3%	1.3%	6.6%	0.0%	0.0%	0.0%	13.2%
Contagem Wechiau	0	6	0	3	3	5	17
% do total	0.0%	7.9%	0.0%	3.9%	3.9%	6.6%	22.4%
Contagem Zogli	5	3	0	1	0	3	12
% do total	6.6%	3.9%	0.0%	1.3%	0.0%	3.9%	15.8%
Contagem Siriyiri	1	12	4	0	0	3	20
% do total	1.3%	15.8%	5.3%	0.0%	0.0%	3.9%	26.3%
Total Count	10	39	9	4	3	11	76
% de Total	13.2%	51.3%	11.8%	5.3%	3.9%	14.5%	100.0%

Inquérito de campo, 2021

A partir de 4.5, a maioria dos inquiridos (51,3%) sabe que a limpeza do terreno através de queimadas é a principal causa dos incêndios florestais. 14,5% representa a intensidade solar excessiva, enquanto 13,2% representa a caça. 11,8% dos inquiridos pensam que os cigarros deitados fora também causam incêndios florestais no distrito, enquanto 5,3% dos inquiridos pensam que os raios também são uma causa de incêndios florestais. 3,9% representam os trovões.

Os agricultores que queimam arbustos para limpar terrenos são acusados de serem a principal causa dos incêndios florestais. "A maioria dos agricultores do distrito pratica os métodos de corte e queima para limpar terras que, por vezes, são deixadas sem controlo e podem colidir com outras quintas cujos proprietários ainda não colheram os seus produtos agrícolas, destruindo assim as suas colheitas"- (KII Wa West district assembly, 2021). . Um perito do Serviço Nacional de Bombeiros do Gana disse que há a perceção de que os fantasmas por vezes queimam arbustos. A caça tornou-se uma espécie de atividade habitual no distrito. Esta atividade utiliza por vezes o fogo para capturar a caça, como afirma Nsiah-Gyabaah (1996). "Em alguns casos, o fogo fica fora de controlo e destrói grandes extensões de culturas e árvores económicas, como árvores de Karité, baobás e dawadawa" - (KII GNFS). Mais uma vez, sabe-se que os fumadores também contribuem para as causas dos incêndios florestais ao deixarem ou atirarem pedaços de cigarro ao acaso. O cigarro descartado provoca incêndios florestais, quando os agricultores abandonam involuntariamente o cigarro na exploração agrícola, o que acaba por resultar no início das chamas. "A intensidade solar excessiva é uma das principais causas naturais de incêndios florestais no distrito"- (KII GNFS, 2021). De acordo com o Ministério da Alimentação e Agricultura (MOFA), os incêndios florestais são um dos problemas que afectam a baixa produção de culturas alimentares.

4.3.1 Ocorrência de incêndios florestais no ano

"Os incêndios florestais são um fenómeno sazonal no distrito de Wa West. Ocorre normalmente entre novembro e abril, que se crê ser a estação seca" - (KII GNFS, 2021).

O fenómeno é considerado um problema ambiental. Entre dezembro e janeiro, vastas extensões de explorações agrícolas já apresentam árvores torradas e cinzas negras. Muitas plantas jovens são destruídas e as poucas árvores resistentes ao fogo, como o carité, são gravemente afectadas, reduzindo a sua produtividade. De acordo com as pessoas, os incêndios florestais ocorrem normalmente uma vez por ano. Abaixo está um gráfico de pizza para ilustrar as conclusões.

A Figura 4. 2 ilustra a ocorrência de incêndios florestais num ano

Inquérito de campo, 2021

Na figura 4.2, setembro-dezembro representa 59,12%, seguido de janeiro-abril que representa 21,05% e maio-agosto que representa 19,74%. Isto mostra que os incêndios florestais ocorrem normalmente durante a estação seca, que começa em novembro.

4.3.2 Frequência de ocorrência de incêndios florestais

No processo do inquérito, o número de vezes que ocorrem incêndios florestais no distrito foi obtido do inquirido. Segue-se um gráfico que ilustra o resultado.

A Figura 4. 3 é uma ilustração da frequência de ocorrência de incêndios florestais

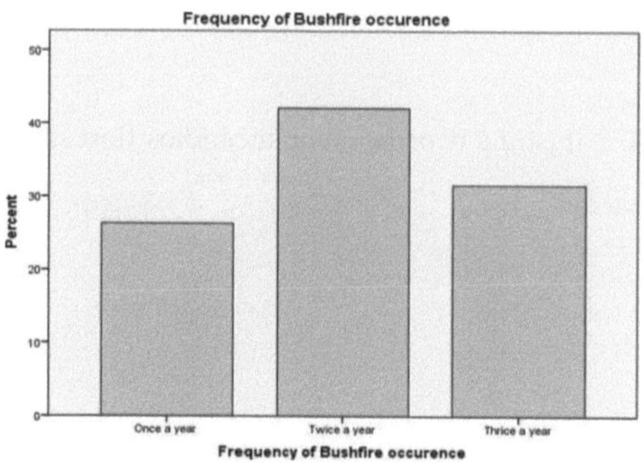

Na figura 4.3, 26,3% dos inquiridos seleccionaram uma vez por ano, 42,1% dos inquiridos seleccionaram duas vezes por ano e 31,6% dos inquiridos seleccionaram três vezes por ano. Não foi apresentado qualquer outro valor específico sobre o assunto. Isto mostra que os incêndios florestais são um grande problema no distrito.

4.4 EFEITOS DOS INCÊNDIOS FLORESTAIS NA PRODUÇÃO DE CULTURAS ALIMENTARES

"Os incêndios florestais são o principal fenómeno que destrói a vegetação e degrada as terras no distrito. A situação foi agravada pela natureza perene dos incêndios florestais, uma vez que estes reduziram a maior parte da floresta a bosques de savana, tornando-os assim susceptíveis à futura incidência de incêndios florestais". - (KII GNFS, 2021). Estes incêndios destroem a vegetação, privam o solo de matéria orgânica, reduzem a população microbiana do solo, reduzem o rendimento das culturas e, por conseguinte, o nível de rendimento dos agricultores. Segue-se uma tabulação cruzada para apresentar o resultado.

O quadro 4. 6 é uma ilustração dos efeitos do incêndio florestal

	Efeito dos incêndios florestais na produção				Total
	Reduz população microbiana do solo	Reduz a fertilidade do solo	Reduz rendimento das culturas	Destruição de culturas	
Contagem	3	7	7	0	17
Guo					
% de	3.9%	9.2%	9.2%	0.0%	22.4%
Total				5	
Contagem	0	0	5		10
Zanko	0.0%	0.0%	6.6%	6.6%	13.2%
% de				0	
Total	0	5	12		17
Contagem	0.0%	6.6%	15.8%	0.0%	22.4%
Wechiau % de	0	4	8	0	12
Total				0.0%	
Contagem	0.0%	5.3%	9		20
Zogli	3	4		4	
% do total	3.9%	5.3%	11.8%	5.3%	26.3%
Contagem Siriyiri	6				76
% do total	7.9%				100.0%
Contagem total					
% do total		20	41	9	
		26.3%	53.9%	11.8%	

Inquérito de campo, 2021

A partir da tabela 4.6, o distrito sofre com o rendimento das colheitas como resultado dos incêndios florestais. 53,9% dos inquiridos pensam que os incêndios florestais têm um efeito importante no rendimento das culturas. 26,3% dos inquiridos pensam que reduz a fertilidade do solo, 11,8% pensam que causa a destruição das culturas e 7,9% pensam que reduz a população microbiana do solo. Os incêndios florestais são um grande problema para a produção agrícola no distrito, uma vez que o rendimento das culturas também é um problema em resultado dos incêndios florestais. "Cerca de 25% das culturas alimentares são perdidas anualmente devido a incêndios florestais"- (KII MOFA, 2021). Num distrito considerado como um dos mais pobres, as pessoas só sobrevivem com formas de sustentar o seu sustento através da agricultura, no entanto, perder essa percentagem para os incêndios florestais é um problema a combater. Mais uma vez, anualmente, o solo sofre com o calor do fogo em culturas cultivadas em solos pobres em nutrientes para as plantas. A matéria orgânica do solo é uma importante fonte de azoto, fósforo e enxofre para as plantas. As terras queimadas perdem, portanto, estes nutrientes. Como resultado das queimadas intensivas, uma maior proporção dos solos das explorações agrícolas da comunidade foi desintegrada, acelerando a taxa de erosão quando chove. O solo perde os nutrientes e sofre com a matéria orgânica necessária para apoiar o crescimento das plantas. Em consequência, as culturas estão a crescer mal no distrito. - (KII Wa West district assembly, 2021) Por último, a redução da fertilidade do solo é outro problema resultante dos incêndios florestais no distrito. A perda de fertilidade do solo pode ser vista como a destruição gradual do solo e das terras através do processo de erosão, dos incêndios florestais e da desflorestação. Quando isto acontece, provoca a destruição das culturas e acaba por resultar num baixo rendimento das mesmas. "Em Wa West, as actividades que conduziram aos incêndios florestais deixaram a camada superior do solo a descoberto, destruindo as culturas de cobertura que protegem a superfície do solo do sol escaldante. Esta ação mata a população microbiana do solo, deixando assim a terra nua e improdutiva para o cultivo". - (KII Assembleia Distrital de Wa West, 2021)

4.4.1 Principais culturas vulneráveis à incidência de incêndios florestais

A Figura 4. 4 é uma ilustração das principais culturas vulneráveis à ocorrência de incêndios florestais

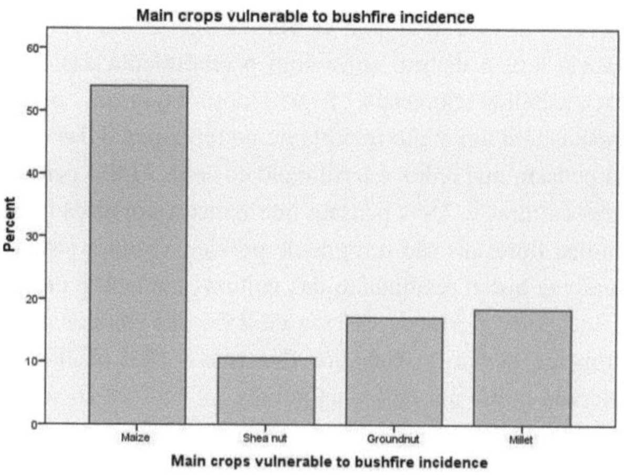

A partir da figura 4.4, o milho regista a maior cultura alimentar que é vulnerável aos incêndios florestais no distrito, representando uma percentagem de 53,9% do total das culturas alimentares. Isto porque, o milho é a principal cultura alimentar cultivada no distrito, seguido pela mexoeira que representa 18.4%, enquanto o amendoim segue com 17.1%, a noz de carité segue com 10.5% respetivamente. Isto mostra claramente que o milho é a principal cultura que é mais vulnerável aos incêndios florestais no distrito. Isto foi efectuado para identificar as várias culturas alimentares que são normalmente queimadas pelos incêndios.

4.5 MEDIDAS PARA PREVENIR A OCORRÊNCIA DE INCÊNDIOS FLORESTAIS

Durante o inquérito, foram obtidas ideias sobre as medidas que podem ser postas em prática para evitar a ocorrência de incêndios florestais no distrito. Abaixo está uma tabela que mostra o resultado.

O quadro 4. 7 é uma ilustração das medidas para prevenir a ocorrência de incêndios florestais

	Medidas para regular os incêndios florestais				Total
	adesão a a lei	Educação incêndios florestais	Voluntário bombeiros	Utilização melhorado agrícola práticas	17
Contagem Guo	6	8	3	0	
% de Total	7.9%	10.5%	3.9%	0.0%	22.4%
Contagem	0	0	0	10	10
Zanko % de	0.0%	0.0%	0.0%	13.2%	13.2%
Total	3	6	5	3	17
Contagem	3.9%	7.9%	6.6%	3.9%	22.4%
Wechiau % de	1	3	3	5	12
Total Contagem	1.3%	3.9%	3.9%	6.6%	15.8%
Zogli	6	0	5	9	20
% do total Contagem Siriyiri	7.9%	0.0%	6.6% 16	11.8%	26.3%
	16	17		27	76 100.0%
	21.1%	22.4%	21.1%	35.5%	
TOTAL	%do total		Contagem %do total		

Inquérito de campo, 2021

A partir da tabela 4.7, o uso de práticas agrícolas melhoradas regista a maior medida para prevenir a ocorrência de incêndios florestais, representando uma percentagem de 35,5%. Isto mostra que as pessoas estão dispostas a adotar uma prática agrícola melhorada para ajudar a prevenir a ocorrência de incêndios florestais. A educação sobre incêndios florestais é também um fator que contribui para a prevenção de incêndios florestais, representando 22,4%. Os bombeiros voluntários representam 21,1%, enquanto o cumprimento da lei também representa 21,1%. As sugestões dadas pelo Serviço Nacional de Bombeiros do Gana, pelo Ministério da Alimentação e Agricultura e pela assembleia distrital sobre a luta para prevenir a ocorrência de incêndios florestais no distrito incluem o seguinte

• Todas as partes interessadas, tais como a assembleia distrital, a Agência de Proteção Ambiental, o Serviço Nacional de Bombeiros do Gana, o Ministério da Alimentação e da Agricultura e outros, devem levar os seus deveres muito a sério para gerir a incidência de incêndios florestais no distrito.

• A comunidade e o distrito devem ser informados sobre as causas, os efeitos e a prevenção dos incêndios florestais.

• Devem ser disponibilizados fundos adequados para apoiar as agências no desempenho das suas funções.
• A logística deve ser fornecida às agências responsáveis para que possam trabalhar eficazmente.
• Deve haver colaboração entre as partes interessadas e os membros da comunidade para reduzir a incidência de incêndios florestais no distrito.

• Deve haver um controlo e um equilíbrio entre os vários intervenientes, a fim de verificar se estão a desempenhar as suas funções como esperado.

4.5.1 Políticas governamentais ou regulamentos sobre incêndios florestais no distrito

A Figura 4. 5 é uma ilustração das políticas governamentais ou regulamentos sobre incêndios florestais no distrito

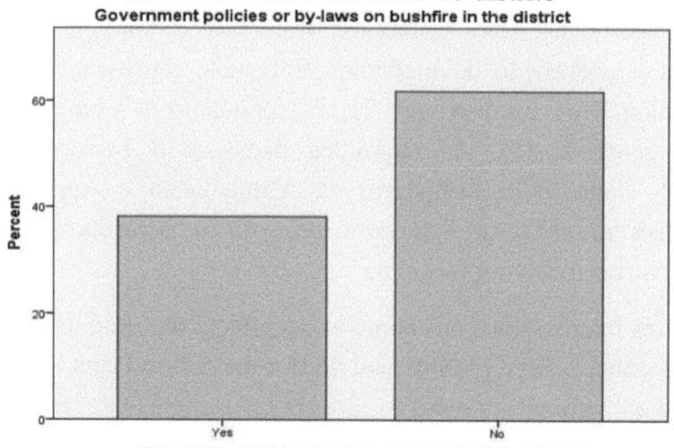

A figura 4.5 mostra que as políticas governamentais tais como a Lei de Controlo e Prevenção de Incêndios Florestais e a Política Nacional de Gestão de Incêndios Florestais não são devidamente implementadas no distrito. De acordo com a assembleia distrital, eles acham difícil implementar a política devido a alguns desafios que enfrentam. Tal como se afirma na Política de Gestão de Incêndios Florestais, muito pouco foi alcançado na prevenção e controlo dos incêndios florestais porque as estratégias de implementação da política propostas estavam em desacordo com a prática cultural da comunidade. Mas, de acordo com alguns dos membros da comunidade, existe apenas uma lei na comunidade que diz: "se fizeres fogo na tua quinta e fores apanhado, serás enviado para o palácio do chefe e serás multado em conformidade". Mas as pessoas violam essa lei, o que mostra que ela não é efetivamente aplicada.

4.5.2 Educação para a prevenção de incêndios florestais

A figura 4. 6 é uma ilustração da educação para a prevenção de incêndios florestais

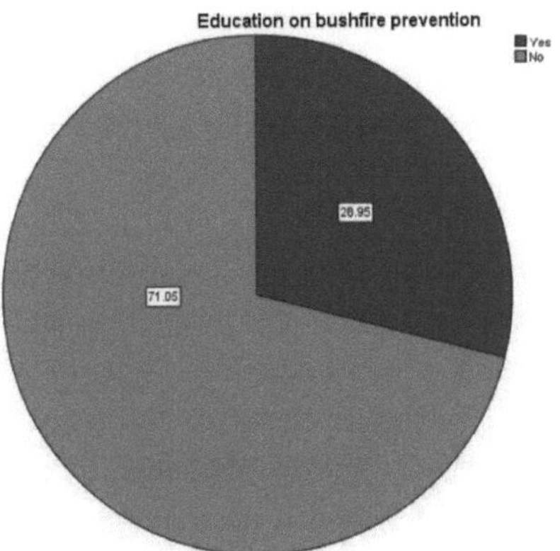

Inquérito de campo, 2021

A figura 4.6 mostra que 71,05% diz não ao facto de haver educação sobre a prevenção de incêndios florestais, enquanto 28,95% diz sim. É necessário que haja uma forma de educação para as pessoas no distrito, especialmente os agricultores, sobre as formas de prevenir a ocorrência de incêndios florestais no distrito. Isto irá contribuir para uma elevada produção de culturas alimentares no distrito e, eventualmente, resultar numa vida harmoniosa das pessoas, especialmente dos agricultores.

CAPÍTULO CINCO
RESUMO, CONCLUSÃO, RECOMENDAÇÃO

Este capítulo está dividido em três secções: resumo dos principais resultados, conclusões e recomendações.

5.1 RESUMO DAS PRINCIPAIS CONCLUSÕES

5.1.1 Causas dos incêndios florestais

O distrito de Wa West foi considerado um dos distritos da região do Alto Oeste do Gana que normalmente se depara com problemas de incêndios florestais. É causado por forças humanas e antropogénicas. A partir do inquérito de campo, as principais causas dos incêndios florestais incluem a caça, a limpeza de terrenos através de queimadas, cigarros deitados fora, relâmpagos, trovões e intensidade solar excessiva. A limpeza de terrenos através de queimadas foi apontada como a principal causa de incêndios florestais no distrito, constituindo 51,3% dos inquiridos. Os agricultores que queimam arbustos são acusados como a principal causa dos incêndios florestais. A caça também foi apontada como uma das principais causas de incêndios florestais no distrito, constituindo 13,2% do total de respostas. Percebeu-se que a caça se tornou uma espécie de atividade habitual no distrito. Estes caçadores fazem uso de fogueiras que por vezes atingem outras quintas e destroem grandes extensões de culturas e propriedades, por vezes até vidas. Mais uma vez, os fumadores de cigarros também foram apontados como uma das causas dos incêndios florestais, com uma percentagem de 11,8%. Uma vez que a maioria dos membros da comunidade fuma, é difícil educá-los sobre o efeito do tabaco que leva aos incêndios florestais. A intensidade solar excessiva tem sido um dos principais problemas dos incêndios florestais no distrito e tem causado danos às culturas, o que tem afetado a produção. No distrito de Wa West, os incêndios florestais ocorrem principalmente entre setembro e dezembro, seguidos de janeiro a abril, que se acredita ser a "estação harmattan". Este fenómeno que degrada esta comunidade é tratado como um problema ambiental. Os incêndios florestais ocorrem normalmente duas vezes por ano no distrito.

5.1.2 Efeitos dos incêndios florestais

Os incêndios florestais provocam um baixo rendimento das culturas no distrito. Também destrói a vegetação, reduz a população microbiana do solo, diminui a fertilidade do solo e causa a destruição das culturas. De acordo com o Ministério da Alimentação e Agricultura, cerca de 25% das culturas alimentares são perdidas anualmente devido a incêndios florestais. A partir do inquérito de campo, percebeu-se que a cultura alimentar mais vulnerável aos incêndios florestais é o milho, registando a percentagem mais elevada de 53,9%, seguida do painço, com 18,4%. Além disso, as explorações agrícolas que são queimadas perdem nutrientes do solo como o azoto, o fósforo e o enxofre. Como resultado das queimadas intensivas, uma maior proporção do solo nas explorações agrícolas da comunidade é destruída, acelerando a taxa de erosão quando chove. Estudos demonstraram que as cinzas da vegetação queimada aumentam os nutrientes das plantas, mas estes nutrientes são arrastados pela erosão das chuvas. Todos estes processos degradam a maior parte das terras do distrito, tornando-as desfavoráveis para o cultivo de plantas.

5.1.3 Medidas para prevenir a ocorrência de incêndios florestais

As medidas para prevenir a ocorrência de incêndios florestais no distrito são o cumprimento da lei, a educação sobre incêndios florestais, os bombeiros voluntários e o uso de práticas agrícolas melhoradas. Estas medidas não são efetivamente aplicadas no distrito, o que faz com que a prevenção da ocorrência de incêndios florestais seja um problema. O inquérito de campo revelou que as políticas governamentais, tais como a Lei de Controlo e Prevenção de Incêndios Florestais e a Política Nacional de Gestão de Incêndios Florestais, não são devidamente implementadas no distrito. De acordo com a assembleia distrital, eles acham difícil implementar a política devido a alguns desafios que enfrentam. 71,05% diz não ao facto de haver educação sobre a prevenção de incêndios florestais, enquanto 28,95% diz sim. É necessário haver uma forma de educação para as pessoas no distrito, especialmente os agricultores, sobre as formas de prevenir a ocorrência de incêndios florestais no distrito.

5.2 CONCLUSÃO

O estudo foi realizado para identificar os incêndios florestais na produção de culturas alimentares no distrito de Wa West, na região do Alto Oeste do Gana. O objetivo da investigação é descobrir as causas dos incêndios florestais no distrito, examinar os efeitos dos incêndios florestais na produção de culturas alimentares e as medidas para evitar a ocorrência de incêndios florestais no distrito.

5.2.1 Causas dos incêndios florestais

As queimadas como causa dos incêndios florestais, que são amplamente praticadas no distrito e na área da savana em geral, colocam sérias ameaças aos meios de subsistência dos habitantes da área e, de facto, de todo o país. Os solos estão a ficar cada vez mais pobres, as colheitas e a produção animal estão a falhar. A condição climática da área está a mudar para pior, chuvas escassas, intermitentes e não fiáveis, chuvas severas, etc.

O estado "harmattarn" e o tempo soalheiro, quente e morno caracterizam a zona. Tanto o Estado como os ganeses devem ser recordados de que é uma responsabilidade constitucional tomar medidas adequadas para proteger o ambiente e a propriedade (Lei 490).

5.2.2 Efeitos dos incêndios florestais

Os incêndios florestais afectaram o rendimento das culturas e conduziram a uma baixa produção agrícola no distrito de Wa West. Os efeitos dos incêndios florestais vão desde a perda de propriedades, ferimentos, perda de vidas, baixo rendimento das colheitas e desflorestação, traumas psicológicos, depressão e frustração, poluição do ambiente, agitação social e conflitos, pessoas sem abrigo, colapso de empresas, baixos rendimentos, entre outros efeitos. Tendo em conta o que precede, é necessário planear, implementar e monitorizar eficazmente as questões de segurança contra incêndios para ajudar a reduzir a incidência de incêndios florestais no distrito de Wa West.

5.2.3 Medidas para prevenir a ocorrência de incêndios florestais

Concluiria que existem medidas promissoras que podem ser postas em prática para prevenir a ocorrência de incêndios florestais no distrito. A educação sobre incêndios florestais, a utilização de práticas agrícolas melhoradas, os bombeiros voluntários e o cumprimento da lei são as medidas promissoras para prevenir a ocorrência de incêndios florestais no distrito. Se for dada a devida atenção às recomendações acima, isso ajudará a prevenir a ocorrência de incêndios florestais no distrito.

5.3 RECOMENDAÇÃO

É necessário combater os incêndios florestais de uma forma holística através da integração e coordenação de acções de todas as agências relevantes, instituições governamentais, Assembleia Distrital e comunidades para obter melhores resultados eficazes. Algumas das medidas que podem ser tomadas para resolver a natureza avançada dos incêndios florestais na área são as seguintes, com base no objetivo do estudo.

5.3.1 Causas dos incêndios florestais

❖ A assembleia distrital deve aprovar uma lei que restrinja as pessoas a queimar arbustos. A lei deve incluir leis que controlem a colheita de madeira, a caça, as actividades agrícolas e os locais para fumar. A assembleia deve envolver plenamente o pessoal de segurança e as autoridades tradicionais na aplicação destas leis. Além disso, as disposições da Lei de Controlo e Prevenção de Incêndios Florestais devem ser rigorosamente aplicadas.

❖ Devem ser organizadas campanhas de sensibilização contra incêndios florestais. Deve ser organizado um programa de sensibilização na comunidade e no distrito como um todo, para educar os agricultores e os membros da comunidade sobre as causas e os efeitos dos incêndios florestais. Deve-se prestar mais atenção aos jovens, uma vez que estes se dedicam maioritariamente à caça na comunidade. É importante que a assembleia distrital e as partes interessadas na luta contra os incêndios florestais intensifiquem o seu programa de educação e sensibilização ambiental, com especial ênfase nos jovens.

5.3.2 Efeitos dos incêndios florestais

❖ Deveria haver fornecimento de fertilizantes e outros produtos agrícolas melhorados aos agricultores dos distritos para utilização nas suas explorações agrícolas em casos de perda de fertilidade do solo, baixo rendimento das culturas, redução da população microbiana do solo, etc. Isto contribuirá para melhorar o rendimento e a produção das culturas.

❖ Devem ser disponibilizados fundos adequados às partes interessadas, de modo a permitir-lhes desempenhar as suas funções na gestão da incidência de incêndios florestais no distrito.

❖ Deve haver colaboração entre as partes interessadas e os membros da comunidade para reduzir a incidência de incêndios florestais no distrito.

5.3.3 Medidas para prevenir a ocorrência de incêndios florestais

❖ Deve ser criada uma plataforma para que os bombeiros formem alguns dos membros da comunidade para servirem como brigada de bombeiros voluntários no distrito. Desta forma, os bombeiros poderão dar formação a alguns dos jovens da comunidade sobre como apagar incêndios e evitar que estes se propaguem, mesmo quando os bombeiros não estão presentes.

❖ Todas as partes interessadas, tais como a assembleia distrital, a Agência de Proteção Ambiental, o Serviço Nacional de Bombeiros do Gana, o Ministério da Alimentação e da Agricultura e outros, devem levar os seus deveres muito a sério para gerir a incidência de incêndios florestais no distrito.

❖ A comunidade e o distrito devem ser informados sobre as causas, os efeitos e a prevenção dos incêndios florestais.

❖ Deve haver um controlo e um equilíbrio entre os vários intervenientes, a fim de verificar se estão a desempenhar as suas funções como esperado.

REFERÊNCIAS

Al, M. C. (2000). Incêndios de savana no centro-leste do Senegal: Padrões de distribuição, gestão de recursos e percepções.

Beringer J, H. L. (2007). Incêndios na savana e o seu impacto na produtividade líquida do ecossistema no Norte da Austrália.

Global Change Biology, 13, 990-1004. Norte da Austrália.
Bureau of Meteorology, 2010, Bushfires in Victoria. (2010, 8 de outubro). Recuperado de bom.gov.au:
http://www.bom.gov.au/vic/sevwx/fire/20090207/20090207_bushfire.shtml

Cheney, N. P. (1995). Bushfires - An Integral Part of Australia's Environment. Livro do Ano da Austrália.
Conselho, E. P. (1991). Plano de Ação Ambiental do Gana. volume 1. D, S. R. (2004). Redução dos incêndios florestais (fogo posto) centrada na comunidade. D.T, M. (2008). Towards sustainable rural land use practices in the Northern Savannah zone of Ghana:.

Estudo de caso do distrito de Sissala Oeste. Dissertação de Mestrado. Tese KNUST.
Agência de Proteção do Ambiente. (2002). Programa de ação nacional de combate à seca e à desertificação. Accra, Gana.

FAO/PNUD. (1981). Problemas de conservação das florestas em África. Organização das Nações Unidas para a Alimentação e a Agricultura. Organização para a Agricultura e Alimentação. (2003, Recuperado em 15 de maio de 2013). Estado da insegurança alimentar no mundo

2003. Recuperado de FAO - org - Food and AgricultureOrganization: http:/www.fao.org/docrep/006/joo83e00.htm

Serviço Nacional de Bombeiros do Gana. (n.d.). As suas funções e serviços. Retirado de www.ghananationalfireservice.org
Serviço de Estatística do Gana. (2014, recuperado em 31 de março). Perfil da pobreza no Gana (2005-2014), agosto

2014. Obtido do Ghana living Standard Survey Round Six

(GLSS6);.www.statsghana.gov.gh/gssl6.htm/

Centro de Monitorização Global de Incêndios. (2004, Recuperado em 2 de março de 2014). Manual de gestão de incêndios florestais para

África Subsaariana. Obtido de uma publicação do Centro de Monitorização Global de Incêndios 2004:http://books.google.cdom/
Golashani, N. (2003, 13 de março de 2013). Compreender a fiabilidade e a validade na investigação qualitativa. Retrieved from The Qualitative Report, 8(4)597-606.: http://www.nova.edu/ssss/QR/QR8-4/golshani.pdf
Goldammer, J. (1988). Uso da terra rural e incêndios florestais nos trópicos. Sistema agroflorestal. Dordrecht, Holanda: Kluwer Academic publishers. Recuperado de Goldammer, J.G (1988).Rural land-use and wild land fires in the tropics. Sistema agroflorestal. Kluwer Academic publishers, Dordrecht, Holanda. .

Hawthorne, W. (1994). Danos causados por incêndios e regeneração florestal no Gana. Inventário florestal e projeto de gestão do Departamento Florestal do Gana. ODA Forestry, série No.4.

Hawthorne, W. D. (1994). Fire damage and forest regeneration in Ghana, ODA Forest Series No. 4.

Chatham: Natural Resources Institute.

John, H. (2008). Segurança comunitária contra incêndios florestais . Obtido em www.publish.Csiro.au/pid/5814.htm K, R. F. (2006). Implications for community health from exposure to bushfire air toxics (Implicações para a saúde da comunidade decorrentes da exposição a tóxicos atmosféricos de incêndios florestais). K., N.-G. (1996). (). Incêndios florestais no Gana. IFFN no. 15, página 24-29 .
Korem, A. (1985). Bushfires and agricultural development in Ghana (Incêndios florestais e desenvolvimento agrícola no Gana). Ghana Publishing Corporation. L, T. (1983). O efeito de diferentes regimes de fogo nos níveis de nutrientes do solo em Quercus coccifera garrigue.

Berlim Heldelberg, Nova Iorque.
Lucas, C. H. (2007). Bushfire Weather in Southeast Australia: Recent Trends and Projected Climate Change Impacts, Relatório de consultoria preparado para

o The Climate Institute of Australia. Melbourne:
Centro de Investigação Cooperativa sobre Incêndios Florestais.
Ministério da Alimentação e Agricultura (2003). (2013, 13 de setembro).
Recuperado de Food and Agricultural sector Development policy (FASDEP):
www.grain.org/attachments

N, G. (1994). Environmental Development and Desertification in Ghana
(Desenvolvimento Ambiental e Desertificação no Gana). New Castle. Grã-
Bretanha: Athencieum Pres.

Nsiah-Gyabaa, K. (1996, janeiro, 2013 17). Incêndios florestais no Gana; IFFN
Country Reports No15. Recuperado de ://H:/bushfires.htm

Owusu-Afriyie, K. (2009). Gestão de incêndios no Gana. Tese de doutoramento.
Universidade de Aberdeen.
R, A. J. (2011). Movimento em caso de catástrofes ambientais: o caso das
inundações e dos incêndios florestais em períodos seleccionados no Gana.

I want morebooks!

Buy your books fast and straightforward online - at one of world's fastest growing online book stores! Environmentally sound due to Print-on-Demand technologies.

Buy your books online at
www.morebooks.shop

Compre os seus livros mais rápido e diretamente na internet, em uma das livrarias on-line com o maior crescimento no mundo! Produção que protege o meio ambiente através das tecnologias de impressão sob demanda.

Compre os seus livros on-line em
www.morebooks.shop

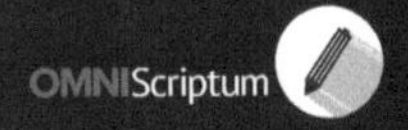

FSC
www.fsc.org
MIX
Papier aus verantwortungsvollen Quellen
Paper from responsible sources
FSC® C105338